**Index**

Introducere..................................................................................6
  CAPITOLUL 1. TEHNOLOGIE A LEMNULUI..........................................8
    CAPITOLUL 2 PARCHET STRATIFICAT.........................................33
      CAPITOLUL 3 SUPORT PENTRU PARCHET.............................54
      CAPITOLUL 4 GEOMETRIE ŞI TEHNICĂ DE MONTAJ.............84
        CAPITOLUL 5  ÎNTREŢINEREA PARCHETULUI.................109
          CAPITOLUL 6 . LEGISLAŢIE EUROPEANĂ..................120
            CAPITOLUL 7 ISTORIA PARCHETULUI ...................126

Introducere

Cu ocazia împlinirii a douăzeci de ani de carieră profesională în domeniul parchetului, public acest manual cu scopul de a avea un numitor comun, cel puțin în ceea ce privește cele mai frecvente reglementări și practici.

Publicul țintă pentru care a fost redactat acest manual este utilizatorul final, în ideea de a oferi puncte de referință la nivelul reglementărilor europene și exemple consacrate de bune practici.

Subiectele vor fi tratate într-o manieră suprasimplificată, tocmai pentru a oferi utilizatorului final, care abordează acest segment pentru prima dată, o șansă de a înțelege regulile și dinamica de bază.

După două generații de activitate în sectorul pardoselilor din lemn în România, chiar dacă nivelul de conștientizare al profesioniștilor a crescut, fără îndoială, văd încă lacune și erori recurente care pot fi evitate prin informarea utilizatorului final, deoarece profesionistul, sau presupusul profesionist, are datoria profesională de a cunoaște aceste lucruri dacă vrea să nu fie catalogat drept șarlatan.

Pentru cei care vor citi acest manual de la cap la coadă, unele concepte vor fi repetitive. De fapt, vreau să dau posibilitatea de a citi fiecare capitol în parte. Prin urmare, unele concepte care vor fi relevante în capitolele ulterioare vor fi repetate pentru a se asigura că cititorul care este interesat doar de o anumită parte poate înțelege semnificația lor.

Conceptele menționate în acest manual sunt preluate din normele europene și din publicațiile de specialitate din domeniu. Prin urmare, sunt concepte bine cunoscute și nu inventate la fața locului pentru a justifica o eroare, pentru a ascunde o problemă sau pentru a oferi o scuză pentru o întârziere, așa cum aud adesea profesioniști sau presupuși profesioniști folosindu-le. Conceptele sunt atât de cunoscute încât până și Wikipedia le publică pe diverse pagini dedicate acestor teme în limba engleză, dar nu numai.

Așadar, cu intenția de a vă aduce în atenție modul în care ar trebui tratate lucrurile în mod profesional și sigur, dar și greșelile recurente, vă invit să parcurgeți aceste pagini.

# CAPITOLUL 1. TEHNOLOGIE A LEMNULUI

## 1.1 Lemnul și mediul înconjurător

Lemnul este un material higroscopic.

Spre deosebire de alte materiale solide care își schimbă volumul cu temperatura, lemnul nu este foarte sensibil la dilatarea termică. Dilatarea sa termică este neglijabilă.

Materialele solide își măresc volumul odată cu creșterea temperaturii.

Pe de altă parte, lemnul este sensibil la schimbările de umiditate (temperatura influențează creșterea volumului lemnului doar indirect. În mod direct, creșterea temperaturii influențează capacitatea aerului de a absorbi umiditatea. Creșterea umidității este cea care mărește volumul lemnului). .

Lemnul este un material viu în echilibru constant cu mediul înconjurător/atmosfera.

Atunci când umiditatea mediului se modifică, lemnul își schimbă volumul și forma.

Dacă umiditatea mediului crește, lemnul absoarbe umezeala din mediul înconjurător și își mărește volumul și forma. Acesta va avea un comportament de expansiune.

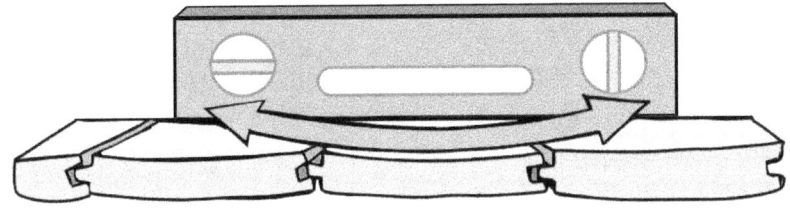

În cazul în care umiditatea ambientală scade, lemnul cedează umiditatea către mediul înconjurător și își micșorează volumul și forma. Lemnul va prezenta un comportament de contracție.

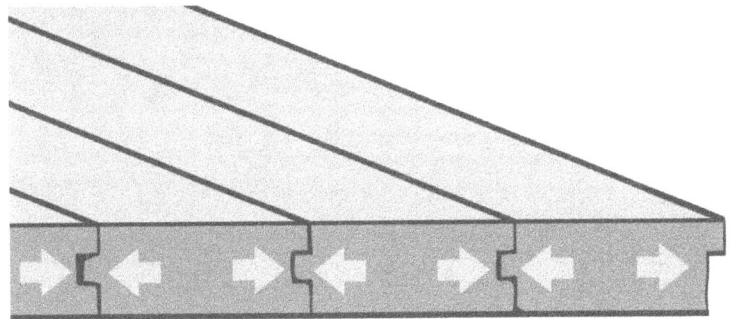

În intervalul cuprins între 45% și 60% a umidității relative a aerului, lemnul nu prezintă mișcări dimensionale vizibile sau riscuri pentru stabilitatea sa dimensională.

Conceptul de stabilitate dimensională constă în proprietatea unui corp din lemn de a-și menține (sau nu) volumul și forma la schimbările de umiditate. Este un concept fundamental pentru înțelegerea comportamentului lemnului.

1.2 Anatomia lemnului

Caracteristicile de performanță ale lemnului sunt legate de anatomia și structura chimică a acestuia.

Aceste caracteristici diferă de la o specie la alta de lemn.

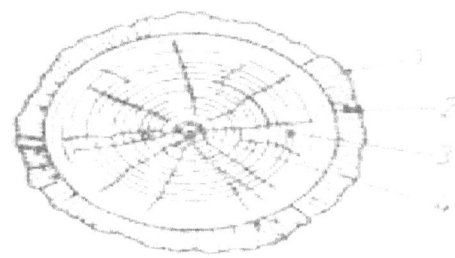

Dacă ne uităm la secțiunea transversală a unui buștean la nivel macroscopic, putem observa :

coaja ( 1 ) (scoarța) este formată din două zone:

- Coaja exterioară este formată din celule moarte, dure, care au rol de protecție împotriva acțiunii agenților externi. Ea poate avea o suprafață cu crăpături și netedă de diferite culori.

Coaja interioară (liberul) este un țesut viu cu o structură fibroasă.

Cambiu ( 2 ) , compus dintr-un singur strat de celule care, în perioada de creștere, produce lemn (cu funcție de susținere mecanică și de transport limfatic) și foema (cu funcție de transport limfatic) spre interior și spre exterior.

Cambiul este format din două zone:

cambium liber - este implicat în producerea de celule lemnoase, îngroșarea rădăcinii și a tulpinii.

cambium subheromatous - se ocupă cu generarea țesuturilor suberoase, care sunt țesuturile defensive secundare ale unei plante.

Duramen ( 3 ) este partea centrală a lemnului din trunchiul și ramurile unui arbore. Este un strat lemnos matur situat în zona centrală a trunchiului și a ramurilor. Lemnul de inima este cea mai importantă parte a lemnului care asigură rezistența acestuia; are un țesut dens, rezistent la solicitări mecanice și puțin permeabil la lichide. La unele specii, se distinge prin colorația alburnului (de exemplu, plop, plop, nuc, stejar). Duramen este singura parte a copacului care ar trebui să fie folosită pentru podele din lemn.

Lemnul de inimă ( 4 ) se află în centrul trunchiului, înconjurat de duramen. Acesta are o culoare maronie. Nu are o rezistență ridicată. Deoarece este format din celule moarte, nu poate fi utilizat pentru parchet. După maturitate, această zonă începe să crească, reducând rezistența arborelui. Se formează zone goale în interior, fără niciun rol de susținere pentru trunchi. Este formată din parenchim primar (cu funcția de stocare a amidonului) și este situată pe axa trunchiului.

Măduva (4) se alfă în centru, înconjurată de duramen. Are o culoare maronie, diferită de a duramenului. Nu este foarte rezistentă. Deoarece este formată din celule moarte, nu poate fi utilizată pentru parchet. După maturitate, această zonă începe să crească, reducând rezistența arborelui. În interior se formează zone goale, care nu au niciun rol în susținerea trunchiului. Este formată din parenchim primar (cu rol de stocare a amidonului) și este situată pe axa trunchiului.

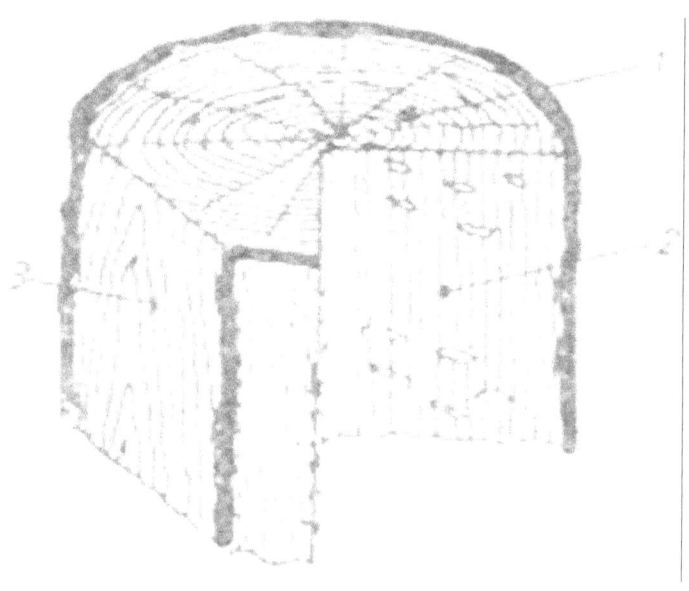

Inelele de creștere ( 1 ) se formează la schimbarea anotimpului și influențează producerea de noi straturi. În climatele temperate, după o pauză vegetativă cauzată de scăderea temperaturii în timpul iernii, arborele începe să producă lemn nou în primăvară. În timpul verii, arborele produce treptat lemn mai dens decât primăvara, mai tare și mai compact, cu pereți celulari mai groși și lumini celulare mai înguste. Cu ochiul liber, lemnul produs primăvara pare mai deschis decât cel produs vara, iar aceste alternanțe dau naștere inelelor anuale de creștere. În zonele tropicale, unde clima nu are o perioadă de iarnă, ci o alternanță de anotimpuri mai mult sau mai puțin ploioase, inelele sunt mai puțin vizibile și nu corespund creșterii anuale.

Alburn. Este vizibil la speciile cu o diferență de nuanță între duramen ( 2 ) și alburn. Alburnul este ansamblul de straturi tinere dintre scoarța și duramenul unui trunchi de copac, prin care trec apa și sărurile minerale. Se găsește în părțile cele mai exterioare ale arborelui, aproape de scoarță. Acolo unde este diferențiat, alburnul are o nuanță mai deschisă și joacă un rol de susținere și fiziologic. Conține multe amide. Pe de altă parte, în cazul în care este diferențiat, duramenul are o nuanță mai închisă și este compus din celule în care taninul se depune în timp. Acesta conferă durabilitate și rezistență la agenții patogeni. Este mai puțin dens și are un conținut mai mare de apă. Lemnul cu aceste caracteristici este rareori folosit pentru parchet, deoarece are o rezistență foarte scăzută.


Numai prin examinarea secțiunii transversale se pot observa razele medulare ( 2 ), țesuturi formate din celule dispuse radial care pornesc din inimă și ajung la coajă. Acestea apar în secțiune ca linii sau benzi de grosime variabilă, curbe sau drepte, cu un luciu și o culoare deosebită față de lemnul înconjurător; în secțiune pot avea întreruperi care nu le fac vizibile, dar sunt întotdeauna continue prin lemn până la coajă. Când copacul este tăiat, razele medulare apar ca niște dungi de lungime și înălțime diferite.

Organizarea celulelor într-o formă geometrică specifică conferă lemnului caracteristici de performanță care sunt greu de obținut în cazul materialelor cu o compoziție artificială.

Această structură pe mai multe niveluri asigură o distribuție și o capacitate portantă ridicată, ceea ce duce la o rezistență sporită.

Din punct de vedere macroscopic, lemnul are 3 direcții anatomice relevante.

tangențială ( 1 ) , latitudinală .

radială ( 2 ) , perpendiculară pe direcția axială. Aceasta intersectează inelele anuale de creștere creând un unghi de 90 de grade.

transversală ( 3 ) , perpendiculară pe direcția axială și tangentă la inelele anuale.

Proprietățile lemnului se modifică semnificativ în funcție de direcția anatomică, iar comportamentul diferit al lemnului este legat de aceste aspecte.

O altă caracteristică structurală necesară pentru înțelegerea comportamentului lemnului este fladerul, numită și fibră în uzul comun, care indică direcția longitudinală în care sunt dispuse celulele. Granulația poate fi dreaptă sau ondulată. Conformitatea fibrei poate afecta comportamentul lemnului într-un mod bine cunoscut, deoarece influențează pozitiv sau negativ caracteristicile mecanice și de prelucrare în momentul prelucrării acestuia.

1.5 Umiditatea lemnului .

Puterea de expansiune a lemnului datoriată umidității este un fenomen bine cunoscut.

În literatura de specialitate privind tehnologia lemnului, acest fenomen este descris din toate unghiurile.

Lemnul reacționează la mediul în care se află eliberând sau absorbind umiditate în funcție de caracteristicile de temperatură și umiditate ale mediului său, și, în consecință, se retrage sau se extinde.

Expansiunea este un fenomen tipic pentru toate speciile de lemn existente și, mai precis, pentru toate tipurile de parchet.

O pardoseală din lemn pierde sau câștigă umiditate din mediul înconjurător în funcție de temperatura și umiditatea relativă a aerului și/sau a substratului.

Procesul prin care lemnul caută continuu echilibru în funcție de condițiile de mediu în care este amplasat se numește echilibrare higroscopică.

Echilibru fizic descris mai sus influențează volumul materialelor higroscopice. Lemnul este un material higroscopic și anizotrop: are capacitatea de a schimba umiditatea și de a o reține sub formă de lichid sau de vapori de apă. Prin absorbția și pierderea de umiditate, lemnul are un comportament de expansiune sau contracție.

Prin urmare, schimbările în condițiile higrotermice pot induce modificări dimensionale semnificative. Aceste fenomene, dacă sunt minore, sunt în mare măsură reversibile, adică pot fi inversate.

Acest comportament stabilește, de asemenea, că o pardoseală din lemn își poate menține echilibru în timp în prezența unor condiții de mediu adecvate.

Indiferent de procentul de umiditate pe care îl conține, lemnul tinde întotdeauna să își echilibreze propria umiditate cu cea a mediului în care se află, ajungând la umiditatea de echilibru (echilibru higrometric).

În practică, dacă mediul în care se află este uscat, lemnul își eliberează umiditatea în aer. Dacă, pe de altă parte, mediul este umed, acesta va avea tendința de a absorbi umiditatea din mediul înconjurător. În ambele cazuri, se va produce o modificare a volumului lemnului.

Apa este principalul factor care influențează caracteristicile de performanță ale lemnului.

Pentru a preciza conținutul de apă al lemnului, se utilizează o unitate de măsură care se referă la greutatea lemnului anhidru (greutatea lemnului absolut uscat).

Umiditatea relativă se determină cu ajutorul formulei $U\% = (P_u - P_0) / P_0 \times 100$

$P_u$ este greutatea lemnului în momentul în care trebuie să se determine conținutul de umiditate

$P_0$ este greutatea lemnului anhidru.

În momentul în care un buștean este tăiat, conținutul său de umiditate este de 50%. După tăiere, pierde apă și scade în greutate.

Odată ce se atinge 30% umiditate reziduală (punctul de saturație celulară), pierderea de volum devine vizibilă.

Pragul de 30% umiditate reziduală are o importanță fundamentală. De la acest parametru încolo, scăderea umidității reziduale corespunde unei scăderi vizibile și progresive a volumului.

Lemnul, fiind un material higroscopic, va avea întotdeauna tendința de a-și echilibra umiditatea cu cea din mediul înconjurător.

Conform convenției internaționale, umiditatea reziduală a lemnului este de 12% la o umiditate relativă a aerului de 65% și o temperatură de 20 de grade Celsius. Estimările de greutate, volum și formă sunt exprimate de obicei, dacă nu se specifică altfel, la o umiditate relativă de 12%.

O metodă de estimare a conținutului de umiditate a lemnului, mai degrabă decât măsurarea acestuia, este utilizarea higrometrelor electrostatice (EN 13183/2).

1.6 Variațiile dimensionale ale lemnului .

S-a văzut mai sus că modificările dimensionale (volum și formă) pot fi observate atunci când lemnul are o umiditate reziduală mai mică de 30 %.

De la un conținut de umiditate de 30 % până la 12 %, se observă o contracție axială de 0,2 - 0,3 %, 2 - 3 % în direcția radială și 4 - 6 % în direcția tangențială.

Retragerea mare în direcția radială și tangențială este cauza apariției fisurilor, crăpăturilor și deformărilor.

Prin urmare, atunci când se modifică conținutul de umiditate reziduală, aceste trei direcții fundamentale ale lemnului se comportă diferit.

Astfel se explică deformarea lemnului. Contracțiile diferită între direcția radială și cea tangențială.

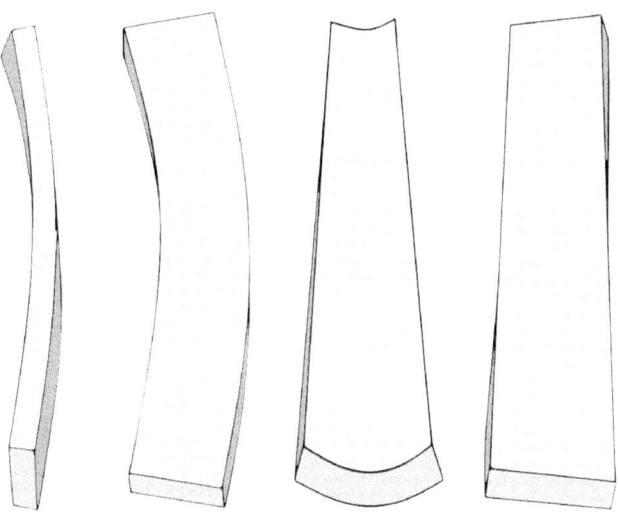

Cu alte cuvinte, atunci când lemnul își cedează umiditatea, apare un comportament de contracție, o contracție volumetrică neuniformă.

Deoarece performanțele lemnului diferă foarte mult de la o specie la alta, comportamentul acestuia este evaluat prin intermediul unui coeficient de variație dimensională. Acesta măsoară comportamentul fiecărui lemn în funcție de conținutul său de umiditate.

Acesta face posibilă evaluarea modificărilor dimensionale ale lemnului în funcție de modificarea conținutului de umiditate.

Coeficientul de variație dimensională poate fi unitar sau specific.

Acesta se situează între 0,15 și 0,6 %. Aceasta înseamnă că pentru o variație de 1 % a conținutului de umiditate reziduală a lemnului, se va produce o variație de volum cuprinsă între 0,15 și 0,6 %.

1.7 Parchet și umiditate.

Parchetul și umiditatea din încăperi.

Principala cauză a desprinderii și deteriorării parchetului este umiditatea conținută în pardoseală și în pereți în timpul fazei de construcție. Aceasta se manifestă în diferite moduri, la fel cum există diferite cauze.

Iată câteva dintre ele.

Umiditatea reziduală, care este umiditatea conținută într-o șapă care se află încă în faza de uscare, datorită prezenței apei în amestecurile de ciment.

Umiditatea capilară, care se ridică în special în clădirile aflate la parter sau în contact direct cu solul, în absența unei protecții precum o barieră de vapori. Aceste fenomene sunt frecvente mai ales în clădirile vechi.

Infiltrațiile de apă din exteriorul încăperii din cauza lipsei de izolație sau a deteriorării izolației. Infiltrațiile datorate defectelor de construcție sau de proiectare la terase și la pereții exteriori sunt, de asemenea, frecvente.

Parchetul și umiditatea de condensare.

Umiditatea de condensare este un fenomen care rezultă dintr-o serie de cauze combinate. Condensarea apei reprezintă trecerea de la starea gazoasă la cea lichidă. Aerul poate conține o cantitate de vapori de apă până la limita de saturație, dincolo de care începe condensarea sub formă de picături de apă vizibile.

Factorii care determină formarea condensului pe podea sunt temperatura și umiditatea relativă a aerului și temperatura suprafețelor în contact cu aerul. Aceștia sunt importanți deoarece formează condens pe suprafețele reci din interiorul încăperilor (adică pe podea).

În construcțiile civile, atunci când temperatura exterioară este mai scăzută decât cea interioară, condensul tinde să se formeze pe pereți sau pe suprafețele care nu sunt rezistente la vapori (de exemplu, ferestre sau gresie).

Atunci când este vorba de suprafețe permeabile la vapori sau poroase, cum ar fi tencuiala, cărămizile sau șapa, condensul poate să nu se formeze la suprafață, ci în interiorul structurii. Acest lucru se întâmplă la temperatura de rouă.

Acest lucru se datorează faptului că aerul poate trece prin porozitatea elementelor de construcție, transmițând cu el vapori de apă.

Pentru a evita condensul, izolarea este esențială.

Încă o dată, vă reamintesc importanța barierelor de vapori pentru a preveni condensarea în șapă.

Umiditatea după montarea parchetului

Din motive de siguranță, este extrem de important să se verifice dacă șapa este umedă înainte de a pune o pardoseală. Se efectuează o serie de verificări standardizate privind umiditatea din mediul înconjurător și din șapă. Testarea înainte de a pune în operă este la fel de importantă ca și monitorizarea mediului după aceea.

Trebuie remarcat faptul că prezența umidității trebuie monitorizată și după ce a fost montată pardoseala. Se recomandă utilizarea higrometrelor în încăperile în care este instalată o pardoseală pe toată durata de viață a acesteia.

Trebuie exclusă posibilitatea infiltrațiilor de apă din conducte sau a scurgerilor. Acestea sunt evenimente critice care ar putea fi definite ca fiind accidente domestice.

Pe lângă evitarea acestor accidente, trebuie să se acorde atenție condițiilor de mediu care ar putea afecta acoperirea de pardoseală pe termen lung. Un mediu prea cald și umed sau prea rece și uscat pune în pericol nu numai sănătatea locuitorilor, ci și durabilitatea unei pardoseli din lemn.

Trebuie menționat faptul că un mediu critic poate apărea, de asemenea, atunci când pardoselile din lemn au fost depozitate pentru perioade lungi de timp în apartamente închise/neventilate.

## 1.8 Condițiile ideale pentru sănătatea noastră și a lemnului.

Condițiile ideale pentru durabilitatea pardoselilor, care coincid cu condițiile ideale pentru sănătatea umană, sunt prezentate în tabelul de mai jos.

Condițiile ideale pentru ca lemnul să nu aibă nicio mișcare volumetrică vizibilă sunt o umiditate între 45 și 60% și o temperatură între 18 și 22 de grade.

|    | 5 | 10 | 15 | 20 | 25 | 30 | 35 | 40 | 45 | 50 | 55 | 60 | 65 | 70 | 75 | 80 | 85 | 90 | 95 | 100 |
|----|---|----|----|----|----|----|----|----|----|----|----|----|----|----|----|----|----|----|----|-----|
|    | 1 | 3  | 4  | 5  | 6  | 6  | 7  | 8  | 9  | 10 | 11 | 12 | 13 | 14 | 15 | 17 | 19 | 22 | 27 | 33  |
|    | 1 | 3  | 4  | 5  | 5  | 6  | 7  | 8  | 9  | 10 | 10 | 11 | 12 | 14 | 15 | 17 | 19 | 22 | 26 | 32  |
|    | 1 | 3  | 4  | 5  | 5  | 6  | 7  | 8  | 9  | 9  | 10 | 11 | 12 | 13 | 15 | 16 | 18 | 21 | 25 | 31  |
|    | 1 | 2  | 3  | 4  | 5  | 6  | 7  | 7  | 8  | 9  | 10 | 11 | 12 | 13 | 14 | 16 | 18 | 20 | 24 | 30  |
|    | 1 | 2  | 3  | 4  | 5  | 6  | 6  | 7  | 8  | 9  | 9  | 10 | 11 | 12 | 13 | 15 | 17 | 19 | 23 | 29  |
|    | 1 | 2  | 3  | 4  | 5  | 5  | 6  | 7  | 7  | 8  | 9  | 10 | 10 | 11 | 13 | 14 | 16 | 18 | 22 | 28  |
|    | 1 | 2  | 3  | 3  | 4  | 5  | 5  | 6  | 7  | 7  | 8  | 9  | 10 | 11 | 12 | 14 | 15 | 17 | 21 | 27  |
|    | 1 | 2  | 2  | 3  | 4  | 4  | 5  | 6  | 6  | 7  | 7  | 8  | 9  | 10 | 11 | 13 | 14 | 16 | 20 | 26  |
|    | 1 | 1  | 2  | 3  | 3  | 4  | 4  | 5  | 6  | 6  | 7  | 7  | 8  | 9  | 10 | 12 | 13 | 15 | 19 | 25  |
|    | 1 | 1  | 2  | 2  | 3  | 3  | 4  | 4  | 5  | 6  | 6  | 7  | 8  | 8  | 9  | 11 | 12 | 14 | 18 | 24  |

Axa verticală reprezintă temperaturile, iar cea orizontală umiditatea. Cifrele din celule reprezintă valoarea umidității de echilibru pe care parchetul va tinde să o atingă pe măsură ce condițiile de mediu se schimbă.

## 1.9 Problemele parchetului în absența umidității

Un mediu prea uscat poate provoca deteriorarea pardoselii.

În absența umidității, apar în general două tipuri de probleme: rosturi de dilatare vizibile între scânduri și fisuri în interiorul scândurilor.

Ambele fenomene sunt rezultatul unei contracții excesive a materialului care a fost expus unui proces de pierdere a umidității relative care a dus la o reducere a dimensiunilor inițiale.

Amploarea daunelor provocate de un mediu prea uscat depinde de tipul de specie lemnoasă, de structura plăcii și de conformația morfologică a elementelor din lemn. Vom vedea mai târziu că o pardoseală cu flăcări sau noduri reacționează diferit față de o pardoseală formată în principal din fibre drepte.

Probleme de acest gen au apărut din cauza utilizării sistemelor de încălzire prin pardoseală, în special în varianta cu șapă subțire sau în condițiile în care podeaua este în contact direct cu sau în apropierea țevilor.

După cum știm, într-un sistem de încălzire prin pardoseală, căldura este transferată de la cazan la țevi și de la țevi la podea. Temperatura apei care circulă prin conducta serpentinei nu trebuie să depășească 28 °C din motive de sănătate. Dacă această temperatură este depășită, podeaua devine stresată.

Lemnul, așa cum s-a explicat mai sus, nu este afectat direct de variațiile de temperatură. Cu toate acestea, această variație generează o scădere a umidității relative a aerului și, în timp, a umidității parchetului, modificând umiditatea de echilibru și provocând fisuri din cauza reducerii dimensionale a plăcilor de parchet.

Trebuie spus că există specii de lemn mai stabile care sunt mai puțin afectate de acest fenomen.

De asemenea, trebuie spus că, pe măsură ce lățimea plăcilor de parchet crește, acest fenomen va crește nu proporțional, ci exponențial.

## 1.10 Densitatea lemnului

Există o relație între densitatea lemnului și proprietățile sale.

Un lemn foarte dens va avea o rezistență mecanică foarte bună (rezistență la impact), dar un comportament mai ridicat la contracție/expansiune.

În industria noastră, folosim termenul de densitate. Acesta este raportul dintre unitatea de măsură a plăcii și unitatea de măsură a volumului. Se exprimă în kg/m3 și ține cont de conținutul de umiditate la care se referă (stejarul, de exemplu, are 750 kg/m3 la un conținut de umiditate de 12%).

Un alt aspect al densității lemnului este durabilitatea sa naturală. Aceasta reprezintă rezistența lemnului la degradarea biologică (insecte, ciuperci, bacterii etc.).

Durabilitatea naturală a lemnului este cea mai mare în partea centrală a unui buștean și foarte mică în alburn. Din acest motiv, nu este recomandabil să se folosească alburnul pentru a produce parchet.

Durabilitatea naturală a lemnului variază de la specie la specie.

Norma europeană care reglementează acest aspect este EN 350-1 și 350-2.

1.11 Caracteristicile tehnice și performanțe ale lemnului .

Duritatea este capacitatea lemnului de a rezista la impact și abraziune.

EN 1534 determină rezistența la impact (metoda rezistenței la penetrare Brinell).

Tabelul următor prezintă valorile rezistenței la penetrare Brinell pentru majoritatea lemnelor utilizate în construcții.

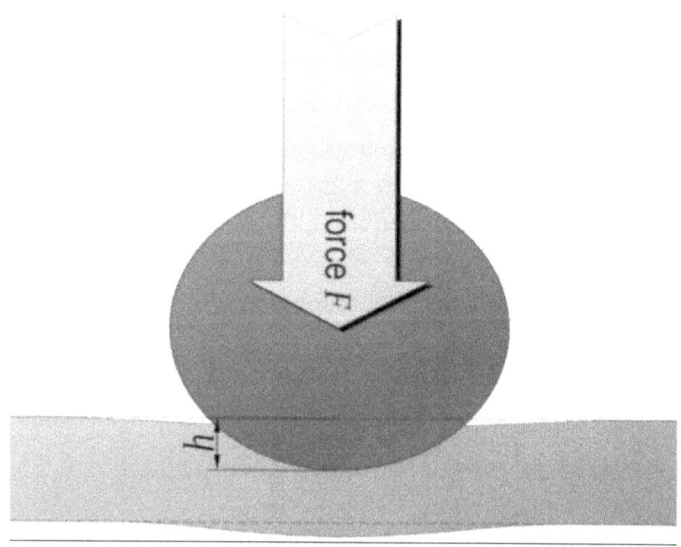

Tabelul următor prezintă valorile rezistenței la penetrare Brinell pentru majoritatea lemnelor utilizate în construcții.

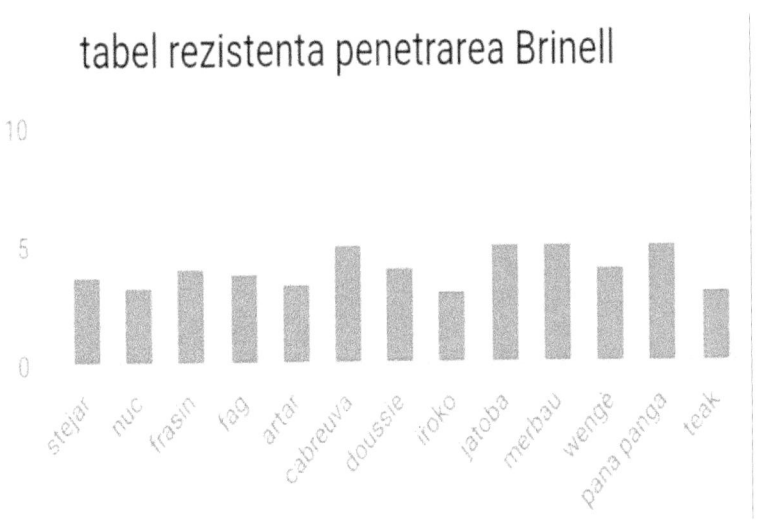

Stabilitatea dimensională indică dacă un lemn își modifică semnificativ volumul ca răspuns la schimbările de umiditate.

Stabilitatea dimensională se determină folosind metoda specificată în EN 1910.

Tabelul de mai jos prezintă valorile de stabilitate dimensională pentru majoritatea lemnelor utilizate în construcții.

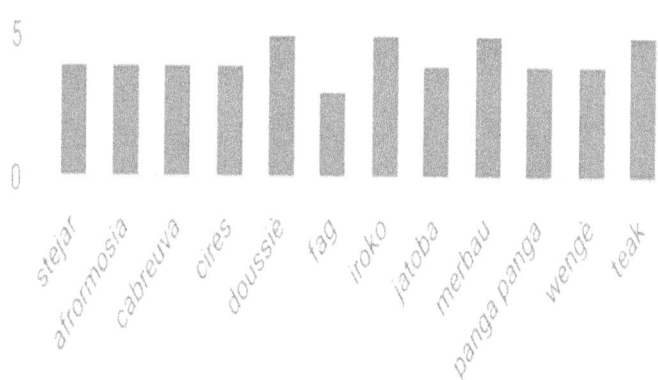

## 1.12 Marcarea CE

Din 2010 este obligatorie eliberarea certificatului CE de către producător.

În cazul în care importatorul vinde pardoseala sub propria marcă, importatorul este cel care este obligat să elibereze certificatul CE.

Marcarea CE este exclusă de la prelucrare. Cu toate acestea, producătorul trebuie să furnizeze instrucțiuni de montaj.

Marcajul CE trebuie să menționeze performanța produsului pentru următoarele cazuri.

Reacția la foc

Rezistența la foc este importantă în locurile publice. EN 13501-1 determină clasa de reacție la foc.

Formaldehidă

Un element din lemn masiv fără substanțe chimice (adezivi, vopsele și alte tratamente) este lipsit de formaldehidă.

În cazul în care se adaugă substanțe chimice sau rășini la produsul din lemn, trebuie specificată clasa de emisie de formaldehidă a produsului.

Cea mai mică clasă de emisie de formaldehidă este E1. Cea mai mare clasă este E0. Sub aceste două clase, produsul nu este adecvat pentru utilizare în interior.

Conductivitatea termică

Valoarea rezistenței termice este exprimată ca raport între grosimea produsului și valoarea conductivității sale termice.

EN 12664 reglementează conductivitatea termică.

Aceasta va fi explicată în detaliu în capitolul privind șapele radiante.

# CAPITOLUL 2 PARCHET STRATIFICAT

## 2.1 Parchetul dublu stratificat

În anii 1980, pardoselile din lemn au cunoscut o revoluție tehnică și tehnologică, fiind proiectat și produs primul parchet prefinisat. Primul parchet stratificat care a înlocuit vechea pardoseală din lemn masiv a fost un parchet cu strat dublu. Un strat vizibil și un strat suport.

Această soluție cu două straturi a devenit populară din mai multe motive.

Primul este cu siguranță legat de costuri.

Restricțiile privind exploatarea forestieră și raritatea tot mai mare a lemnului fac ca prețul lemnului să crească constant. Prin reducerea grosimii lemnului utilizat, este posibil să se mențină un preț final accesibil și mai puțin sensibil la fluctuațiile costurilor. În plus, prelucrarea lemnului masiv implică timpuri de producție mai lungi, mai ales că lemnul trebuie uscat. Cu cât lemnul este mai gros, cu atât timpul de uscare este mai lung. Iar acest lucru înseamnă timpuri de producție mai lungi.

Un al doilea factor care a dus la dezvoltarea pardoselilor finisate în fabrică sau prefinisate este absența aproape completă a problemelor de lăcuire la fața locului. Lăcuirea și lăcuirea pardoselilor masive la fața locului este o operațiune care cu greu poate egala precizia lăcuirii directe din fabrică într-un mediu controlat.

Parchetul prefinisat, fiind deja lăcuit din fabrică, permite instalatorului să vadă imediat aspectul lemnului în timpul asamblării și să aranjeze elementele ținând cont de cromatica și variațiile de culoare tipice lemnului. În cazul așezării lemnului masiv, orice diferențe de culoare între elementele de parchet vor apărea doar după ce procesul de lăcuire este finalizat.

Un alt motiv de succes este timpul de montare mai scurt în comparație cu pardoselile din lemn de generație mai veche: montarea lemnului masiv durează aproximativ 30 de zile de la momentul primei instalări până la sfârșitul montajului. O pardoseală prefinisată, pe de altă parte, are un timp total de instalare de la montarea primei scânduri de 1 sau 2 zile.

Un alt aspect de luat în considerare este dezvoltarea și răspândirea pardoselilor radiante, așa-numita încălzire prin pardoseală. Acest tip de încălzire supune podeaua din lemn la stres: usucă fibrele de lemn, provocând dilatarea și contracția. Parchetul prefinisat în două straturi ajută și în acest caz, deoarece limitează deformarea lemnului prin reducerea stresului.

Stratul de suprafață al pardoselii prefinisate (stratul nobil sau de uzură) este realizat din specii de lemn de înaltă calitate: stejar, nuc și altele. Această tehnologie se concentrează pe partea vizibilă a pardoselii, folosind în acest strat esențe de lemn mai performante.

Pentru a face pardoseala mai rezistentă la influențele externe și mai durabilă, deoarece este supusă uzurii, stratul superior este lăcuit sau uleiat.

Al doilea strat, numit strat suport, este conceput pentru a oferi stabilitate primului strat, stratul de uzură, prin neutralizarea mișcărilor naturale ale lemnului. Neutralizarea mișcărilor poate fi realizată prin diverse tehnici, dintre care cea mai eficientă este utilizarea unui suport din lemn multistrat, cu fibre încrucișate, numit în engleză plywood, care dispersează uniform forțele exercitate de fibrele de lemn în toate direcțiile.

Acest suport are o secțiune cu dungi (seamănă cu o napolitană) în care diferitele straturi de lemn sunt lipite între ele cu un adeziv fenolic. Toate aceste substanțe chimice utilizate în faza de producție sunt reglementate de standardele europene. Pe certificate, substratul trebuie să fie cel puțin de clasa E1 conform reglementărilor privind emisiile de formaldehidă și PEFC FSC pentru originea lemnului.

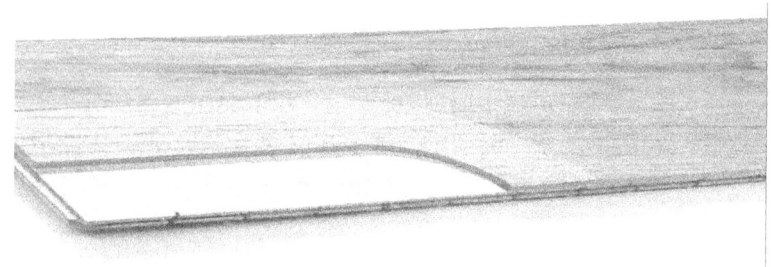

Esențele cele mai folosite ca suport sunt bradul si mesteacănul, acesta din urma fiind de preferat celui dintâi datorită calitaților sale tehnice. Grosimea totală a lemnului cu 2 straturi realizat cu placaj variază între 10 mm și 15 mm. Unii producători aleg să folosească un singur strat de brad, soluția cu siguranță mai ieftină din punct de vedere economic decât celelalte soluții, dar mai puțin eficientă și deloc recomandată in comparație cu multistratul.

În plus, suportul trebuie să garanteze o rezistență mecanică suficientă la solicitările transmise suprafeței vizibile. Pe scurt, sarcina suportului este de a garanta stabilitatea, rezistența și durata pardoselii.

Datorită structurii cu două straturi , avem acum o gamă de dimensiuni disponibile care este mult mai mare decât cele disponibile pe lemn masiv . În plus stratificatul permite să se folosească plăci de parchet mai mari în dimensiune comparativ cu masivul . Plecăm de la scândura de 10 x 70 x 600 mm , din ce în ce mai puțin folosită, apoi trecem la scândură foarte elegantă de 10 x 90 x 1000 mm, la maxi-scândură 15 x 300 x 22000 mm . Această listă cu dimensiunile prezentate nu este completă și variază în funcție de firma producătoare .

Recent a fost dezvoltat un al doilea tip de suport compus în mare parte din plăci din fibra de lemn , HDF ( High-density fiberboard ) . Această placă de înaltă densitate este compusă din fibre de lemn comprimate la o presiune ridicată . Panourile hdf trebuie să respecte aceleași standarde ca și panoul multistrat și , în consecință , să fie în clasă E1 – E0 emisiei de formaldehidă .

Suportul cu fibre de înaltă densitate a permis să se reducă ulterior costurile de producție , însă perfomanța lui este discutabilă . E posibil să fie de folos în unele cazuri datorită grosimei redusă , menținând în același timp lățimea soluției anterioare .

Norma care definește carateristicile generale și dimensionale ale elementelor stratificate de parchet pentru folosință în interior , cu sistem de îmbinare este EN 13489 . Norma EN 13489 specifică ca lemnul folosit pentru stratul de uzură trebuie să fie selectat , fără carii , fără ciuperci , fără muciegăi sau daune de insecte . Norma specifică ca de la un element la altu din același lot pot să fiu diferențe , dar impresia generală parchetului trebuie să arate omogeneitate .

Norma stabilește ca într-un lot de parchet 3 % din elemente pot să fiu din clase de aspect diferite . Norma împarte aspectul feței la vedere ( strat de uzură ) în 3 categorii de selecție .

Prima clasă de selecție după norma EN 13489 ia denumirea de clasa cercul. Nu acceapta prezența de alburn pe stratul de uzură. Nodurile sunt acceptate dacă au diametrul inferior la 3 mm (pentru nodurile sănătoase) și inferior la 1 mm (dacă nodurile sunt putrezite). Coaja nu este admisă în stratul de uzură. Se folosește numai duramen. Abaterii legate de direcția fibrei este admisă fără limite. Se admite o variație cromatică redusă. Razele mădulare sunt admise fără limite.

La stratul de suport toate carateristiciile sunt admise, și dimensionale, și de aspect, atât timp că nu va compromite rezistența uzurii a parchetului.

A doua clasă de selecție după norma EN 13489 ia denumirea de clasa triunghiul. Admite prezența de alburn pe stratul de uzură, nodurile sunt admise dacă au diametrul inferior la 8 mm (pentru nodurile sănătoase) și inferior la 2 mm (dacă nodurile sunt putrezite). Coaja nu este admisă în stratul de uzură. Abaterii legate de direcția fibrei este admisă fără limite. Se admite variații cromatice. Razele mădulare sunt admise fără limite.

La stratul de suport toate carateristiciile sunt admise, și dimensionale, și de aspect, atât timp că nu va compromite rezistența uzurii a parchetului.

Mai este o clasă de aspect numită free class. Aici toate carateristicile sunt admise fără limite de dimensiuni sau de calitate dacă nu compromit rezistența uzurii a parchetului. Același regulă se aplică și la stratul de uzură, și la suport atât timp că se menționează în fișa tehnică.

O altă carateristică menționată de către normă este limita de umiditate care trebuie să aibă un element de parchet la livrare.

Umiditatea la prima predare a produsului trebuie să fie cuprinsă între 5 și 9 %. Umiditatea relativă vine exprimată cu 7 % + / - 2.

Normele care determină metoadele de măsură sunt EN 13183 - 1 (metoadă exactă prin cântărire) și EN 13183 - 2 (estimare prin măsurător eletric).

Norma EN 13489 stabilește carateristicile geometrice pe care un element de parchet stratificat trebuie să aibă. Carateristicile geometrice sunt exprimate cu umiditatea lemnului reziduală la 7 % în greutate.

Norma specifică că grosimea și lățimea elementelor de parchet crește de 0,25 % la fiecare 1 % de mărire umidității reziduale a parchetului. Decrește de 0,25 % la fiecare scădere de 1 % de umiditatea reziduală a parchetului.

În primul rând, să intre în categoria de parchet, un element trebuie să aibă o grosime a stratului de uzură de 2,5 mm minim. Norma menționează posibilitatea de a recondiționa stratul de uzură cel puțin de 2 ori.

Se admit abateri de lungime de + / - 0,1 %, de + / - 0,2 mm în lățime, cu o abatere de ortogonalitate de 0,2 % lațimei și cu o abatere între 0,1 și 0,2 % laițmei pentru cea ce privește deformăriile.

## 2.2 Finisajul

Straturile de protecție au finalității tehnice și estetice.

Scopul unui finisaj este de a închide parțial porii suprafeței de uzură a parchetului. Este de a reduce absorbția lemnului, de a izola lemnul de pete sau substanțe chimice. Este și de a conferi lemnului un aspect estetic specific.

Finisajele ajută la protejarea parchetului în cazul unui contact cu agenți agresivi și evită să se producă pete. Dar oferă și posibilitatea de a personaliza suprafața de uzură a parchetului cu o nuanță anume și un grad de luciu controlabil. De asemenea, are funcția de a face pardoseala ușor de curățat și de întreținut, menținând în același timp aspectul lui inițial și naturalitatea lemnului pe termen lung.

Fără finisaj, pe un parchet s-ar aduna rapid praful, ca exemplu. Fără o protecție, orice substanță care intră în contact cu suprafața de uzură ar umple micro-cavitățile țesăturii lemnoase. În plus absența protecției ar îngreuna foarte mult întreținerea pardoselilor din lemn.

2.3 Parchet uleiat

Uleiurile folosite la parchet de obiciei sunt compuse de ulei natural căruia se adăuga rășini de diferită origine și ceară. Des, dar nu este o regulă, sunt dizolvate în solvenți organice. Dar pot să fiu și dizolvate în apă.

În general produsele naturale sunt amestecuri de ulei din floarea soarelui și ulei de soia. În unele cazuri se adaugă și ceară. Până și pigmenții sunt naturali. De obicei se folosesc cei din industria alimentară.

Sunt de obiciei produse mono-componente. Fiind mono-componente sunt și higroindurente. Adică folosesc umiditatea din atmosferă ca și catalizator. Se uscă prin evaporarea solvenților, dar au loc și reacții de tip chimic.

Finisajele pe bază de ulei nu acoperă suprafața ca și un lac, nu creează o peliculă de protecție (film) ci impregnează fibrele de lemn până la saturare (excesul vine removat). Această impregnare păstrează suprafața naturală a lemnului.

Utilizarea agenților de impregnare pe bază de ulei permite rezultate de mare interes în primul rând deoarece este permisă o întreținere mai simplă a pardoselii din lemn. În plus folosirea produselor pe bază de ulei a permis mărirea gamei efectelor estetice. Ca exemplu, aplicații de albire sau de pigmentare au un rezultat excelent asupra unor esențe ca și stejarul.

Majoritatea producătorilor folosesc uleiuri. Au o mare capacitate de a evidenția structura lemnului datorită culorilor intense și de a scoate în evidență fibră lemnului.

Pe vremuri trebuia să alegi între tratamentul cu ceară sau cel cu ulei. Nu există posibilitatea de a alege un finisaj pentru parchet care integră cele două soluții.

Uleiul, folosit singur, a dat o estetică minunată podelei din lemn care, însă, nu avea protecție sporită. Acest lucru a făcut necesară aplicarea unui strat ulterior de ceară pentru al face rezistent la apă.

Astăzi, datorită uleiurilor din ce în ce mai performante, suntem capabili să oferim un tratament care să îmbine avantajele la amândouă soluții. Uleiurile pătrund în porii lemnului, oferind o protecție din interior, în timp ce cerurile se depun la suprafață, creând o barieră pentru lichide și făcând aproape impermeabilă suprafața parchetului.

Aplicarea se poate face manual sau mecanic. În al doilea caz aplicarea este mai precisă și distribuită uniform. Mașinile reușesc să facă produsul să pătrundă în profunzime uniformizând aspectul parchetului. Uniformitatea cromatică este un aspect important când e vorba de ulei, pentru că un ulei o să aibă mereu tendința să accentueze schimbul cromatic între porțiuni diferite de lemn. Schimbul cromatic marcat între elementele de parchet (chiar din același lot de producție) este caracteristica unui parchet tratat cu ulei.

Oxidarea lemnului este un aspect marcat la o pardoseală cu finisajul pe bază de ulei. Parchetul uleiat devine mai închis în timp, luând o nuanță din ce în ce mai aprinsă cu expunerea lui la lumină. Lemnul are tendința să se închidă la culoare și să se uniformizeze la nivel cromatic după expunerea lui la lumină. Are vârful de oxidare după 21 de zile de expunere la lumină, dar acest fenomen, aproape invizibil, continuă pe toată durata vieții parchetului.

În timp, parchetul tratat cu ulei va trece de la un aspect strălucitor la un aspect mai mat, mai uscat. Acest lucru nu înseamnă că tratamentul este defect sau că este slab protejat. Este carateristica unui ulei. La traficul pietonal și la curățarea continuă, stratul superior al tratamentului se uzează.

Periodic, de obicei o dată pe an sau la doi ani, tratamentul este reîmprospătat prin aplicarea unui ulei identic cu cel folosit la tratarea parchetului în fabrică sau cu un produs compatibil.

## 2.4 Avantajele și problemele la parchet cu finisajul pe bază de ulei

Cu siguranță avantajele unei finisării cu ulei sunt că zgârieturile sunt mai puțin vizibile și ușor rezolvabile fără intervenția manoperei specializate. Pentru a le ascunde doar trebuie aplicat periodic un produs specific și compatibil de întreținere.

Este posibil, în plus, recondiționarea unei mici porțiuni deteriorate prin a reuleia periodic parchetul. În cazul în care parchetul este lăcuit va fi necesar să se intervină cu refacerea peliculei pe toată suprafața. Pe când uleiul nu creează o peliculă ca și lacul. De fapt, un parchet uleiat absoarbe și cedează umiditatea mai mult și mai repede comparativ cu un lac din cauza faptului că un ulei lăsă microporozitatea suprafeței de lemn mai deschisă.

Pardoseala din lemn uleiată este antistatică. Este compatibilă cu utilizatorii finali care sunt alergici la praf.

Prin folosirea produselor compatibile cu finisajul, parchetul cu ulei va avea un aspect ca și nou de a lungul anilor.

Poate singură notă negativă a unui finisaj pe bază de ulei este că întreținerea nu este opțională. Este obligatorie. În cazul în care se omite întreținerea la ulei, parchetul uleiat se va usca și în timp fibrele lemnului vor fi expuse și neprotejate. Consecința va fi un parchet care pare decolorat în anumite zone, mai uscat per total și lipsit de grad de luciu original.

Însă chiar în cazul omiterii întreținerilor nu este dificil să se readucă pardoseala la nivelul original de finisaj.

## 2.5 Parchet Lăcuit

Când este vorba de lac pentru parchet ne referim la un produs lichid care se aplică pe suprafața lemnului și care, după uscare, lasă o peliculă transparentă sau semitransparentă, zis film, care permite să se vadă lemnul de dedesubt.

Există multe tipuri de lacuri, dar principalele sunt lacuri pe bază de apă, lacuri pe bază de solvent și lacuri UV.

Cele mai folosite lacuri sunt cele pe bază de solvenți și, în special, cele pe bază de poliuretan și cele pe bază de acrilic. În prezent această categorie face o cotă importantă din piața de parchet în România. Lacurile pe bază de solvenți au avantajul de a fi mai puțin sensibile la condițiile ale mediului și de a se întări în timpuri standardizate chiar și în condiții de temperatură și de umiditate neoptimale.

Lacuri pe bază de apă.

Lacurile pe bază de apă sunt o generație mai nouă de produse și au fost create pentru a limita emisiile puternice de solvenți care apar sistematic la utilizarea lacurilor pe bază de solvenți.

În practică lacurile pe bază de solvent și cele pe bază de apă folosesc rășini asemănătoare. Schimbă substanțele cu care se diluează. Într-un caz solvent, în celălalt apă.

Prima generație de produsele pe bază de apă nu garanta un rezultat estetic comparabil cu lacurile pe bază de solvenți și aplicarea lor era destul de complexă din punctul de vedere ale tehnicilor de aplicare. În prezent latura tehnologică a produselor a evoluat și rășinile pe bază de apă garantează o performanță echivalentă produselor pe bază de solvenți.

Lacuri UV

Lacurile UV sunt produse de ultimă generație de obicei folosite în procesul de producție industrial și rareori direct aplicate în șantier. Sunt lacuri care se întăresc (fac catalizare) folosind lămpi UV (cu ultraviolete). Aceste lacuri produc pelicule foarte dure și rezistente, cu proprietăți mecanice bune și impermeabilitate bună, caracteristici care garantează ca finisajul să aibă o rezistență sporită.

2.6 Avantajele și problemele parchetelor lăcuite

Principalele avantaje la lacurile sunt facilitatea de întreținere. Operațiunile de curățenie zilnică nu sunt așa de obligatorie ca și la ulei.

Principalul dezavantaj este ca un ulei este mai ușor de recondiționat. Un lac are nevoie de operațiuni mai invazive pentru a fi recondiționat și, de obicei, este necesar intervenția unui profesionist pentru a o remedia.

2.7 Parchet triplu stratificat

În paragraful anterior am văzut cum a evoluat parchetul de la masiv la stratificat în două straturi, primul element stratificat produs vreodată.

O treaptă ulterioară la nivel de dezvoltare tehnică este reprezentată de parchetul stratificat în 3 straturi.

Acest număr de straturi se găsește de obicei în parchetul de mari dimensiuni care ia denumirea de scândură.

În istoria pardoselilor din lemn s-a trecut de la utilizarea a lemnului masiv în perioada anilor 90, până la folosirea tot mai frecventă a parchetului stratificat. Aceste parchete stratificate au caracteristici care le deosebesc de lemnul masiv.

S-a văzut și mai sus că parchete stratificate sunt deja lăcuite din fabrică, cea ce înseamnă timpuri de execuție mai reduse, control asupra finisajului și absența aproapre totală de probleme în faza de montaj.

Stratificatul în trei straturi este format dintr un strat de lemn nobil la suprafață, un strat central stabilizator și un strat final de contrabalansare care va intra în contact cu șapa.

Aceste trei straturi, lipite între ele, formează o singură placă de obicei de dimensiuni mari, în lățime și în lungime, și cu o grosime variabilă, de cele mai multe ori de 15 milimetri.

După norma EN 13489 un parchet, să intre în categoria parchetului, trebuie să aibă un strat de uzură (cel superior) de cel puțin 2,5 mm. Trebuie să fie realizat din lemne nobile, să aibă estetica ca și finalitate, dar să aibă și performanță în termene de rezistență ca și utilitate. Din acest motiv stratul supus uzurii trebuie tratat și protejat.

Pe vremuri, suprafața de uzură era compusă din brad, pin și zadă, adică conifere, din cauza structurii morfologice și prezenței rășinii. Acestea garantau o bună rezistență la schimbări de temperatură și umiditate. A rezultat o pardoseala destul de rustică din cauza aspectului noduros al coniferelor.

De a lungul anilor arhitecții și designerii au cerut să diversifice alegerea culorilor. Din acest motiv sunt introduse straturi nobile din stejar, care permit uleierea și schimbarea cromaticei de bază. Exigențele cromatice aduc la folosirea de lemne non europene precum Doussie, Iroko, Afromosia, Wengee (africa) , Teak și merbau (asia).

Unul printre avantajele la parchetul triplu stratificat este disponibilitatea lui în lățimi și lungimi mai mari, lucru care are o influența fundamentală asupra aspectului estetic care variază considerabil.

Stratul intermediar, care are scopul de a face pardoseala stabilă, este alcătuit din lemn, precum mesteacănul, bradul sau plopul sau din materiale precompuse precum placajul.

Dacă este compus dintr-un singur strat de lemn, acest strat este poziționat, în general, perpendicular față de direcția fibrei a stratului superior.

Materialele folosite în compoziția lui pot fi diversificate ca și straturi de cherestea, foi de furnir, placaj sau panouri multistrat, sau aglomerate (foarte la modă în ultima vreme... ).

Din punct de vedere normativ nu există limitări asupra stratului central. Singura constrângere stabilită de standardul tehnic EN 13489 este aceea ca stratul central să fie alcătuit din unul sau mai multe straturi suplimentare de lemn sau materiale pe bază de lemn.

Este evident că aceste elemente au prețuri și performanțe extrem de diferite.

Al treilea strat are funcția de a contrabalansa mișcările și tensiunile fiziologice create de la stratul superior. În cele mai performante produse stratul de contrabalansare este realizat cu același lemn ca stratul superior și cu aceeași grosime (sau cu un lemn cu aceleași carateristici de stabilitate dimensională).

Acest lucru permite contrabalansarea perfectă a stratului superior, deoarece orice mișcare va fi egală și opusă.

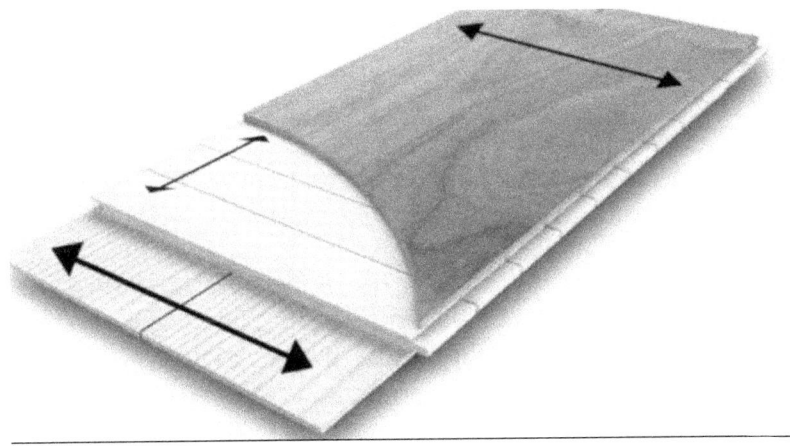

În produsele mai puțin costisitoare, stratul de suport este compus dintr-o specie de lemn diferită, în general conifere ca și brad sau pin, cu o grosime a lemnului masiv echivalentă cu cea a stratului superior. Unde acest lucru nu este respectat, se pierde din calitățiile prestaționale.

Produsele cele mai ieftine folosesc al treilea strat din panouri din plop sau din alte lemne mai puțin costisitoare și cu o grosime de câțiva milimetri. Acest lucru permite scăderea costului de producție. Dar este un sistem folosit în produsele care necesită o structură de îmbinare diferită și de obicei folosite la montaj de tip flotant. Sunt produse cu o durabilitate în temen de ani de viața redusă.

Mai există și produse mai ieftine în care suportul este realizat din panouri care conțin un anumit procent de lemn dar a căror origine și capacitatea de a compensa tensiunile este incertă.

Folosirea parchetului cu un suport de performanță scăzută înseamnă a pune în pericol planeitatea și stabilitatea parchetului. O diferență prea mare între partea de uzură și a suportului are ca rezultat un comportament defect față de diferitele tensiuni care pot apărea pe o pardoseală din lemn.

Urmează o catalogare, pornind de la cel mai scump (și mai performant) la cel mai ieftin parchet cu trei straturi.

Primul tip prevede un strat superior de lemn nobil, un strat intermediar de placaj de mesteacăn și un strat inferior din același lemn nobil folosit pentru stratul de uzură. În acest caz contrabalansarea este perfectă deoarece tensiunile superficiale sunt exact opuse și compensate. Atenție ca, să avem contrabalansarea perfectă, stratul de contrabalansare trebuie să fie de aceeași esența dar și de același format, nu trebuie să fie alcătuită din elemente cu dimensiuni diferite. În acest al doilea caz prețul și performanța scad sesizabil.

Al doilea tip prevede molid masiv în loc de placaj de mesteacăn. Diferența în termen de stabilitate este foarte semnificativă deoarece bradul este un lemn mai puțin stabil decât mesteacănul.

Un al treilea tip prevede ca lamelele de contrabalansare să fie realizate cu alt lemn, diferit de cel de suprafață. Multe firme produc, de exemplu, podele cu stratul de uzură din stejar contrabalansată cu un suport din brad masiv. Acest lucru implică costuri scăzute, dar și o performanță tehnică limitată.

Ultimul tip prevede contrabalansarea cu un placaj de plop sau panouri din părticele de fibră de lemn, de obicei de grosime redusă. În acest caz costurile scad din nou, având în vedere costul redus a placajelor sau panourilor, dar și caracteristicile tehnice lasă de dorit. Această tehnică este cea mai puțin stabilă dintre cele patru variante.

Denumiri comerciale

Termenul scândură folosit în limba română provine din limba latină plancă și a fost tradus în franceză cu planche și în italiană cu plancia. Acest nume se referă la o bucată de lemn de aproximativ 30 de centimetri lățime și aproximativ 2 metri lungime folosită în mod obișnuit pentru descărcarea și încărcarea mărfurilor. Era o structură din lemn construită dintr-un singur strat de lemn masiv care trebuia să fie rezistentă, dar și flexibilă, durabilă la schimbări puternice de umiditate și salinitate. Parchetele din lemn masiv dintr-o singură scândură au fost folosite încă din Evul Mediu pentru podeaua castelelor, palatelor nobiliare, bisericilor, mănăstirilor și teatrelor. O scândură era obținută prin a secționa un trunchi fără a efectua alte prelucrări ulterioare dar având o grijă mai sporită la uscarea naturală, alegerea copacilor și momentul tăierii.

Astăzi termenul de scândură înseamnă un parchet mare, de aproximativ 20 / 30 de centimetri lățime și aproximativ 2 metri lungime. Identificăm o scândură cu parchetul triplu stratificat. O scândură poate să folosească o singură bucată întreagă ca și strat de uzură sau poate să fie compusă din 2 sau 3 elemente (2 strip / 3 strip) asamblate unele lângă altele pe două sau trei rânduri.

Rolul unui triplu stratificat

Tehnologia cu trei straturi este indicată când parchetul urmează să fie montat flotant. Când există exigență de a rămâne flotant pe un suport, din diferite motive, este nevoie de un lemn care să aibă o astfel de stabilitate încât să poată rămâne nemișcat fără a fi reținut de adeziv. Triplu stratificat în versiunea cu contrabalansarea este, din punct de vedere tehnic, soluția cea mai apropiată când e vorba de montaje flotante. Tehnologia dublu stratificată este mai puțin indicată la montaje de tip flotant, mai indicată la montajele prin lipire.

Montajul de tip flotant este folosit mai ales când suportul nu este adecvat pentru lipire, de exemplu, în cazul unui suport cu crăpături, sau în lipsa unei bariere împotriva vaporilor.

Devine atunci util parchetul triplu stratificat cu contrabalansarea în momentul în care o pardoseala existentă trebuie să rămână nealterată. Să ne gândim la clădiri istorice sau la spații unde e nevoie de un montaj temporar, provizoriu.

Pe când, dacă e vorba de un montaj pe un sistem radiant trebuie luată în considerare o grosime mai mare a lemnului cu trei straturi. Deoarece lemnul este un material izolant, se pierde o anumită eficiență termică în comparație cu un lemn de grosime mai redusă.

Sistem de îmbinare

Există în principiu două feluri de îmbinare între bucăți de parchet: îmbinarea clasică de tip bărbat - femeie sau o îmbinare mai structurată de tip click.

Îmbinarea cu lambă și uluc (bărbat și femeie) asigură o îmbinare pe o parte și o frezare pe cealaltă parte a axei parchetului. Este cel mai răspândit sistem de îmbinare și, dacă montatorul procedează tehnic corect, este un sistem care oferă garanție.

Această îmbinare, folosită mai des în parchetele care au ca și destinație montajul prin lipire, nu prezintă dezavantaje deosebite în comparație cu îmbinarea cu click, în care elementele de parchet au porțiuni mai modelate și mai structurate.

La montajele de tip flotant este mai indicat sistemul de îmbinare de tip click.

Atenție: în montajele de tip flotant în general și în sistemul de tip click în special, nu sunt permise reparații. Nu este posibilă repararea unei singure lamele.

## CAPITOLUL 3 SUPORT PENTRU PARCHET

Norma de referință este EN 13318. Stabilește proprietățile și caracteristicile unei șape și materialelor folosite la șape.

Un suport are 2 roluri principale. Este stratul de susținere al parchetului și trebuie să reziste la solicitări de orice natură. Solicitări care vin de la parchet în primul rând, pentru comportamentul lui de contragere / expansiune. Dar și de la folosința parchetului care va fi încărcat static și dinamic cu niște greutăți.

O șapă (8) este suprafața pe care se aplică, cu diferite tehnici, elementele din lemn care compun pardoseala (9).

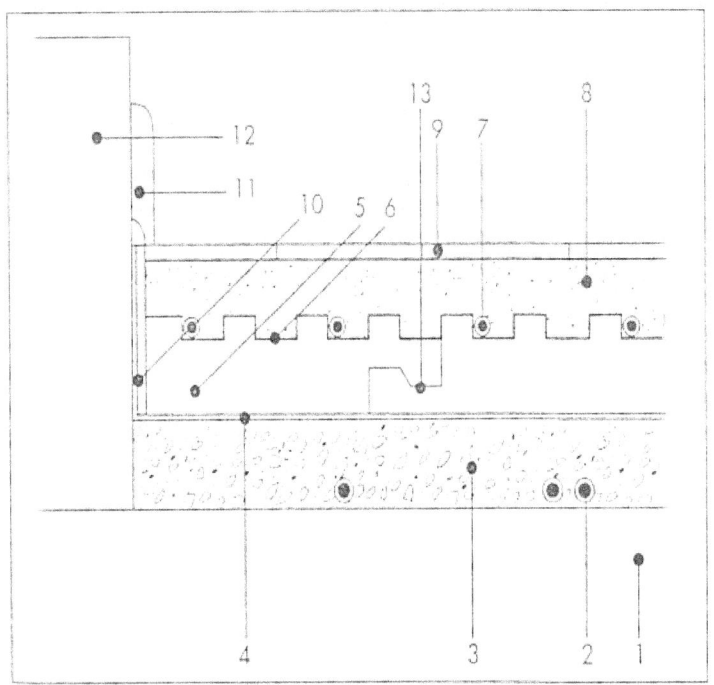

Sub șapă în străinătate obișnuim să găsim o zonă numită strat de compensare (3), care înglobă instalații (electrice, hidraulice etc). De obicei are o compoziție mai ușoară.

În România este o practică nefolosită și găsim des șape care îngropă în ele instalații electrice și hidraulice (2), dar nu este o interpretație corectă a normei europene.

Sub asta este structura portantă (1). De obicei din ciment. Dar în green building se folosește și lemn la structura portantă.

În funcție de destinația lui specifică, parchetul necesită o șapă (sau un suport în general, să cuprindă și suporturile din lemn) cu caracteristici specifice și materiale diferite.

Există numai 3 feluri în care un parchet poate să fie montat: flotant, lipit și prins în cuie. Suportul trebuie să îndeplinească caracteristici diferite în funcție de tehnica de montaj folosită.

Suporturile care au dovedit în decursul anilor un randament excelent sunt șapele din ciment (cu uscare lentă sau rapidă) , șapele de ipsos (anhidrită) , panourile din lemn și derivate sau pardoseli deja existente la care suprapunem parchetul.

Să alegem între aceste sisteme trebuie să ținem cont de destinația încăperilor (un spațiu public are necesități diferite față de o locuință) , de condițiile de șantier (o construcție nouă are condiții diferite față de o restructurare) , de grosimea stratului de suport, de tipul de parchet de montat și de timpurile de așteptare dorite.

Cum s-a explicat mai sus, un parchet trebuie protejat de la umiditate în primul rând, asta pentru că la schimbarea de umiditate lemnul schimbă dimensiunile lui.

Umiditatea încăperii trebuie să fie cuprinsă între 45 și 60 % și temperatura ideală este în jur de 20 de grade. Asta e condiția fundamentală pentru a păstra o pardoseală din lemn stabilă în timp.

Este fundamental, dacă etajul este la direct contact cu solul, o barieră împotriva vaporilor (4). Este obligatorie.

Dacă etajul nu este la direct contactul cu solul, este suficient un ecran protector (4).

Ecranul protector are rolul de a încetini transmiterea umidității. Este un filtru.

Bariera împotriva vaporilor (4) blochează trecerea umidității. Impermeabilizează.

Amândouă variante se aplică sub șapă și se ridică pe ziduri (12) până la nivelul parchetului.

3.1 Șapele din ciment

Au grosime între 3 și 10 cm.

Poate să aibă o armatură, dar numai dacă se dorește să se mărească rezistența la încărcări.

În cazul în care parchetul este lipit, șapa necesită o grosime minimă de 4 cm.

Șapa trebuie să aibă o rezistență la smulgere minimă de 20 N/mm2 pentru construcții cu destinația rezidențială și 30 N/mm2 pentru construcții de tip industrial.

O șapă de ciment trebuie să aibă bariera împotriva vaporilor / ecran protector dacă dorim să montăm un parchet prin lipire în siguranță.

Un strat de compensare (3) (între șapă și placă) este obligatoriu. Acest strat înglobează instalațiile electrice (2) , hidraulice (2) etc.

Șapa din ciment e compusă dintr-un amestec pe bază de ciment 32,5 Portland, un agregat mineral (cum poate să fie nisip din râu cu o grană între 0 și 8 mm) și apă.

De obicei are o consistență de 300 de kg de ciment la fiecare m3 de nisip.

Raportul inert - liant este de 6 / 1.

Apa trebuie să aibă mereu un raport cu cimentul inferior la 0,5 (A / C < 0,5).

Atenție: dacă se folosește nisip de mare, fiind foarte absorbantă, se vor avea șape cu timpuri de uscare foarte ridicate.

Se sfătuiește folosirea nisipului de râu.

Ținând cont că apa folosită în amestec mărește lucrabilitatea , dar micșorează rezistența, se pot folosi aditive, dar nu este obligatoriu.

Este mereu de evitat o șapă care nu are un strat de ecran protector / bariera împotriva vaporilor.

Rosturile de dilatare perimetrale (10) sunt obligatorii. Ele evită crăpăturile.

Un rost de dilatare este obligatoriu la fiecare 6 x 6 m de încăpere.

De obicei rosturile de dilatare perimetrale au 1 cm și se folosesc benzi izolante din material expandat (10).

Rosturile acestea nu trebuiesc acoperite cu parchetul, numai cu plintă (11).

Dacă încăperea depășește 6 x 6 m, trebuie tăiată șapa în faza imediat după turnare pentru a crea un rost de contragere. Este suficient de 1 cm.

O șapă trebuie să aibă un aspect finit ca și un zid gletuit.

Caracteristicile minime care trebuie să îndeplinească o șapă din ciment să aibă idoneitatea pentru parchet , este o grosime uniformă și, de obicei, între 4 și 10 cm. Sub 4 cm are o greutate inconsistentă să reziste la solicitării, deci 4 cm este grosimea minimă.

Trebuie să aibă o rezistență mecanică uniformă.

Trebuie să reziste la naturale solicitării ale parchetului în faza de expansiune și de contragere.

Trebuie să reziste la încărcări statice și dinamice. De obicei, se poate măsura rezistența șapei numai după 28 de zile de la turnarea ei și trebuie să reziste la o forță de tracțiune de 20 N/mm2 (rezidențial) și 30N/mm2 (industrial).

Rezistența se verifică cu o probă simplă: ciocan de 750 de grame și se bate suprafața șapei. În cazul în care se rupe sau se crează o amprentă evidență pe suprafață, șapa este inadecvată.

Șapa trebuie să aibă un sunet plin. Dacă sună gol de obicei nu este rezistentă. Șapa trebuie să aibă un sunet uniform pe toată suprafața ei.

O soluție clasică pentru a rezolva problemele descrise mai sus este aplicarea unui primer, în cazul ăsta cu rol de consolidant.

Alt aspect este duritatea șapei la suprafață. Trebuie evitat fenomenul de bleeding.

Există posibilitatea ca primii 2 mm de șapă să aibă o consistență diferită, mai slabă.

Este admisă prezența de microfisuri în șapă (crăpături) în condițiile în care sunt ferme și nu se mișcă (ca și exemplu, când se testează șapa cu ciocanul, crăpăturile trebuie să rămâne ferme).

În prezența unor crăpături mari nu este posibil să se monteze un parchet în siguranță. Prima dată trebuiesc consolidate.

Și crăpăturile care se accentuează dacă vin bătute cu ciocanul au nevoie să fiu consolidate înainte să se monteze un parchet.

Cauzele crăpăturilor sunt un exces de apă în amestec, nisipul prea fin sau în exces, prea mult ciment în amestec, șapa cu diferențe de grosime, lipsa de armătură, prezența de stâlpi.

O soluție la crăpături este folosirea unui mortar sau o rășină specifică.

În cazul în care stratul de conpensare conține țevii, trebuiesc izolate.

Dacă țeava transmite la parchet o temperatură mai mare de 25 de grade, se vor produce rosturi de dilatare localizate între elementele de parchet care compun pardoseala.

Acest fenomen este parțial / total reversibil.

Trebuie să existe o protecție împotriva apei / condensei / infiltrații.

Lipsa de izolație poate crea o expansiune locală a parchetului. Planaritatea suprafeței parchetului este compromisă.

Acest fenomen este parțial reversibil.

Încă o dată se pune în evidentă importanță barierei împotriva vaporilor / ecran protector.

Bariera / ecran trebuiesc puse imediat sub șapă, înainte de stratul de compensare.

Fiecare șapă, în funcție de compoziția și grosimea ei, are un timp de uscare standard, ușor calculabil.

Parcurs acest timp de uscare umiditatea șapei coboară la un nivel rezidual de echilibru.

O șapă de 5 cm de grosime din ciment are un timp de maturizare (întărire) de 28 de zile, un timp de uscare de minim 2 luni și un nivel de umiditate reziduală de echilibru de 1,7 % (apă reziduală în 100 de grame de amestec ciment-nisip-apă).

O șapă de 8 cm de grosime din ciment are un timp de maturizare tot de 28 de zile, un timp de uscare de minim 4 luni jumate și un nivel de umiditate reziduală de echilibru de 1,7 % (apă reziduală în 100 de grame de amestec ciment-nisip-apă).

O șapă de 10 cm de grosime din ciment are un timp de maturizare tot de 28 de zile, un timp de uscare de minim 6 luni jumate și un nivel de umiditate reziduală de echilibru de 1,7 % (apă reziduală în 100 de grame de amestec ciment-nisip-apă).

Sub 2 % e permis montajul parchetului. Peste 2% este permis numai în anumite cazuri și în prezența unei impermeabilizării a șapei prin primer.

Atenție sporită la parter și subsol: apă / umiditatea poate să urce prin capilaritate.

În acest caz, pe lângă bariera împotriva vaporilor care este obligatorie, se sfătuiește monitorizarea umidității din încăperi.

Atenție la umiditatea care vine prin infiltrații, de obiciei după ploi. Dacă apare o infiltrație la zidurile care dau spre exterior nu se poate monta parchetul în siguranță.

La nivel de planeitate, este admisă o diferență de 3 mm la 2 metri lineari.

Nu este admisă o pantă mai mare de 2 %.

Suprafața șapei trebuie să fie curată. Șapa nu trebuie să aibă urme de vopsele, ulei, gips, praf.

Este responsabilitatea parchetarului să verifice încadrarea în aceste caracteristici.

### 3.2 Șape cu uscare rapidă

Amestecul ciment-nisip este preamestecat în fabrică. De obicei la acest amestec se adaugă apă. Acest sistem garantează timpuri de uscare foarte reduse.

Este vorba tot de șape din ciment, așa că regulile văzute anterior la șapele din ciment se aplică și în cazul acesta.

Mai departe câteva reguli de bună practică specifice pentru șapele cu uscarea rapidă.

Saci cu amestec, ca exemplu, trebuiesc păstrate într un mediu uscat, să nu schimbăm proporția de apă în amestec.

Nu trebuie să se amestece conținutul sacilor manual.

Nu trebuie adăugate alte componente în amestec.

## 3.3 Șape de Anhidridă

Sunt saci preamestecați în fabrică la care se adaugă apă. În compoziție au anhidridă și un inert.

Anhidrita e făcută din sulfat de calciu anhidru natural sau sintetic. Inertul de obicei este pe bază de carbonat de calciu.

De obicei când se amestecă cu apă se adauga un specific aditiv pe bază de săruri solubile.

Are proprietatea de a fi autonivelantă (nefiind o șapă autonivelantă).

Este cea mai performantă șapă existentă și în termeni de rezistență și de planeitate.

Este o șapă mai ușoară față de cele din ciment. Deci ideală oriunde sunt limite de încărcare.

Poate să aibă o grosime minimă de 2,5 / 3 cm (grosime inferioară celor din ciment).

Au timpuri de uscare mai rapide față de șapele din ciment.

Au niște reguli specifice, pe care le vedem mai departe.

Este obligatorie folosirea barierei împotriva vaporilor / ecranului protector.

Nu se pot folosi autonivelante pe ele.

Trebuiesc șlefuite după turnare să se elimine aditivele care urcă la suprafață în faza de uscare.

Este obligatorie folosința unui strat de primer.

Nu este posibil impermeabilizarea lor.

În afară de rare cazuri, nu pot fi reparate cu mortare / rășinii, nu pot fi consolidate, nu pot fi injectate și nu admit intervenții de nivelare.

3.4 Șape cu sistem radiant de încălzire / răcorire în pardoseală

Pot fii din ciment, cu uscarea rapidă sau din anhidridă.

Norma EN 1264 - 4 reglementează șapele cu încălzirea în pardoseală cu privire la instalație și montaj. Aceiași norma dar la paragraful 1 vorbește de componente și instalații (EN 1264 - 1).

Uniformitatea distributivă a căldurii este calitatea lor principală.

Consumă mai puțină sursă de căldură comparativ cu sistemele de încălzire tradiționale.

Parchetul este compatibil cu șapele încălzite, însă trebuie să se țină cont de valorile de izolație, adică de rezistență termică a parchetului care trebuie să fie inferior la 0,15 m2K/W 0,18 m2K/W menționat în norma europeană. Când apare 0,18 m2K/W norma se referă la valoarea de rezistență termică de la țevile serpentină în sus. La 0,15 m2K/W se referă, în schimb, la valoarea de rezistență termică de la șapă în sus.

3.5 Valorile de rezistență termică

Valorile de izolare a parchetului depind de grosimea lui, de la tehnică de montaj, de la specia lemnoasă.

Norma EN 1264, la paragraful 2, vorbește despre rezistența termică și conductivitatea materialelor.

Pardoseli cu o grosime redusă au o conductibilitate mai bună.

O pardoseală lipită conduce mai bine față de o pardoseală montată flotantă, care va izola mai mult.

În cazul în care montajul este prin lipire, adezivele, pe lângă compatibilitatea cu șapa, trebuie să aibă elasticitate, să preia contragerile și expansiunile ale lemnului.

Mediul în care este situat parchetul trebuie să aibă de la 15 la 25 de grade în aer și o umiditate a aerului între 45 % și 60 %. Nerespectarea acestor parametri produce rosturi de dilatare între bucățile de parchet sau, în cazul în care vom avea expansiune, cu consecință de a se umfla local.

Pe șapele încălzite este obligatoriu un ciclu de preîncălzire, de efectuat după o fază de maturizare, care putem aproxima în jur de 28 de zile. Dar în realitate timpul acesta de așteptare depinde de grosimea șapei, de compoziția ei și de condițiile climatice.

Pornirea treptată a sistemului de încălzire înainte să se monteze parchetul are rolu de a stabiliza și a usca șapa.

Se pornește sistemul de încălzire mărind de 10 grade pe zi temperatura în țevii.

Se păstrează timp de zece zile o temperatură constantă și ridicată (40 - 45 de grade în țevi).

După acele zece zile se scade treptat cu 10 grade pe zi temperatura în țevi.

După acest ciclu e posibil să se monteze parchetul în siguranță.

În cazul în care montajul va fi prin lipire este obligatoriu folosirea primerului, într-un singur strat, înainte de a aplica adezivul.

În cazul în care montajul e de tip flotant trebuie ținut în considerație materialele fonoizolante folosite între șapă și parchet care crează o izolație termică sesizabilă.

Valorile de izolație termică a parchetului țin de grosimea și de caracteristicile lemnului din care este compus.

Norma EN 14342 (pardoseli din lemn, evaluare de conformitate) reglementează aceste aspecte.

Regula explicată de către normă zice că toate materialele folosite peste țeviile serpentine (șapă, parchet, adeziv / burete) nu trebuie să depășească o rezistență termică între 0,15 și 0,18 m2k/W.

Rezistența termică este raportul între grosimea parchetului și conductivitatea termică a lui.

De obicei parchetele de 10 mm de grosime au o rezistență termică medie de 0,077 m2K/W, cei de 15 mm de grosime în jur de 0,11 m2K/W.

Umiditatea maximă admisă șapelor încălzite diferă în funcție de compoziția lor.

Pentru șapele din ciment, valoarea de umiditate maximă admisă este de 1,7 %, 0,5 % pentru cele de anhidridă și 1,5 % pentru șapele cu uscarea rapidă.

Este responsabilitatea beneficiarului de a garanta existența bariera împotriva vaporilor / ecranul protector, grosimea minimă a șapei, pornirea treptată a sistemului de încălzire și temperaturile de exercițiu a sistemului de încălzire.

Atenție: șapele încălzite nu se pot impermeabiliza cu primer, nu se pot consolida și nu este indicat să se aplice autonivelante pe ele.

Este obligatoriu folosirea unei amorse / primer într-un singur strat.

Este nerecomandat montajul flotant pe șapele încălzite.

Temperatura încăperilor nu trebuie să depășească niciodată 24 de grade și umiditatea relativă a aerului trebuie să fie între 45 % și 60 %.

În cazul în care pardoseala are sistem de răcire, temperatura minimă în încăperi nu trebuie să coboare sub 15 grade.

## 3.6 Lemn și umiditate în șapă

Montarea unui parchet din lemn trebuie făcută după ce șapa s-a uscat, pentru a evita probleme serioase.

Lemnul absoarbe umiditate. Din acest motiv este necesar verificarea nivelului de umiditate reziduală în șapă înainte de începerea montajului. Va trebui să ne asigurăm că nu poate exista nici o infiltrare de umiditate în viitor. În caz contrar există riscul de a compromite ireversibil parchetul.

O șapă are nevoie de un timp de maturizare și de un timp pentru eliminarea umidității înainte de a fi potrivită pentru montarea parchetului din lemn.

Pe scurt, fiecare șapă e turnată cu o cantitate de apă în ea care trebuie să fie eliminată pe parcursul maturizării.

O șapă este compusă de obicei dintr-un amestec de nisip, ciment, lianți și diverse agregate amestecate cu apă. Este un material bifazic, fluid și lucrabil în prima fază și dur în a doua fază.

O șapă conține cantități considerabile de apă care sunt esențiale pentru declanșarea reacțiilor de întărire dar și pentru a permite o adecvată nivelare.

28 de zile este un termen suficient pentru maturizarea betonului la o șapă tradițională. Uscarea ei, în schimb, poate dura mai mult.

Timpul de uscare al unei șape este relevant pentru parchet.

În ceea ce privește parchetul, există indicații precise asupra umidității maxime pe care șapa o poate conține.

Pentru a monta un parchet în siguranță, umiditatea șapei din ciment trebuie să scadă sub 2 %. În cazul în care este încălzită sub 1,8 %.

Dacă șapa este cu anhidridă umiditatea trebuie să fie mai mică de 0,5 %.

În lipsă de timp, dacă umiditatea este peste de 2 %, există un produs, primerul, care se aplică în cazul ăsta în 2 straturi, care permite în anumite cazuri de a monta parchetul în siguranță, scurtând timpurile necesare uscării șapei.

După cum știm, la o șapă trebuie mereu prevăzută o barieră împotriva vaporilor dedesubt. Acest strat de separare poate fi realizat cu membrane PVC sau foi de polietilenă.

Odată atins echilibru higroscopic și umiditatea corectă pentru așezarea lemnului, bariera de vapori este un element fundamental pentru a preveni ridicarea umidității din straturile de sub șapă care ar amenința parchetul.

Bariera de vapori are tocmai această funcție: odată atinsă starea de echilibru, previne apariția infiltrațiilor.

Evident, mai ales în faza de construcție, este necesar să se acorde o atenție deosebită altor fenomene care ar putea varia conținutul de umiditate din șapă, precum infiltrarea apei de pe acoperiș, de la geamurile care au rămas deschise, din accidente de șantier sau neglijente.

Șapele care au un exces de umiditate pot provoca parchetului ușoare ondulații, abia vizibile contra luminii, până la fenomene grave de desprindere și ridicare a pardoselii cu răsucire și deteriorare a scândurilor.

Lemnul, după cum bine știm, este un material viu care se mișcă și suferă modificări dimensionale din cauza umidității.

După montarea parchetului, elementele de parchet se adaptează la umiditatea ambientală și la umiditatea prezentă în șapă, absorbind umiditate. Însă, dacă umiditatea este excesivă, parchetul începe să crească în dimensiuni, mai ales în direcția lățimii.

Umiditatea excesivă localizată, ca și în cazul infiltrațiilor, face ca o placă de parchet să mărească volumul până la un punct de ruptură.

Creșterea dimensiunii nu este uniformă, cum am văzut mai sus. Depinde de dimensiunea elementelor și de direcția fibrelor care au elementele de parchet. În momentul în care elementele de parchet absorb umiditate, mărindu-se, încep să se împingă unele împotriva altora dând naștere fenomenului de ondulare despre care vorbeam mai devreme.

Aceste fenomene sunt evitate prin urmărirea prevederilor normei EN 10329 care indică ce metode trebuie să adopte montatorul de parchet pentru a determina conținutul de apă în interiorul unei șape.

Practic, înainte de a monta un parchet, se ia o mică porțiune de șapă, se mărunțește și vine folosită pentru a fi introdusă într-un higrometru cu carbură. Norma EN 10329 precizează că prelevarea nu trebuie să aibă loc la suprafață și, de aceea, o mică parte din șapă trebuie mărunțită prin săparea adâncă. Această operațiune trebuie efectuată manual (cu ciocan și daltă) și nu folosind unelte electrice care ar încălzi șapa făcându-i să piardă umiditatea.

În plus, operația trebuie efectuată strict cu mănuși pentru a evita infectarea porțiunii de șapă luată cu umiditatea corporală.

Odată colectată cantitatea stabilită prin normă (20 sau 50 de grame) , aceasta trebuie depozitată într-un recipient din oțel în interiorul căruia vor fi plasate fiolele de carbură. Recipientul trebuie închis ermetic și agitat pentru a sparge fiolele. Aceasta generează o reacție chimică cu producerea de acetilenă care generează o presiune în interiorul recipientului. Presiunea generată corespunde cantității de apă prezența în șapă.

Având în vedere că este o metodă destul de invazivă, cineva efectuează testul cu un higrometru electric care este mai rapid dar nu la fel de precis, încât nu este considerat valabil pentru legislație.

Norma EN 10329 stabilește că singurul control valabil este cel efectuat cu higrometrul cu carbură cu reacția chimică descrisă mai sus.

În practica zilnică, testul cu higrometrul cu carbură se utilizează numai după ce în prealabil a fost testat de mai multe ori umiditatea cu higrometrul electric.

Dacă testele electrice sunt pozitive, se folosește higrometrul cu carbură care va confirma oficial ceea ce a fost deja stabilit cu aproximare de higrometrul electric.

Prezența sistemului de încălzire în pardoseală are reguli diferite. Odată ce betonul este matur, adică după cele 28 de zile obișnuite, trebuie efectuat șocul termic.

Execuția șocului termic ( sau ciclului de pre-aprindere a sistemului ) este obligatorie.

Este vorba pur și simplu de a porni sistemul cu timpuri deja explicați, pentru a lăsa să scape umiditatea prezentă sub conducte. De fapt, această umiditate reziduală există și nu poate fi detectată prin testarea cu higrometrul cu carbură ( care poate fi efectuată pe o porțiune prestabilită a șapei în care nu există țevi, deci la suprafață ).

După cum s-a menționat deja, valorile minime de umiditate, în cazul unui sistem de pardoseala radiantă, merg de 1,8 % pentru șapa de ciment la 0,5 % în cazul șapei anhidrite.

Dacă șapa este încă umedă după șocul termic, va trebui să se repornească sistemul de încălzire din nou.

Timpurile de așteptare sunt necesari uscării unei șape din ciment, care devin, pentru șapa radiantă, aproximativ 45 de zile în total, datorită ciclului de pre-încălzire.

3.7 Bariera împotriva vaporilor / ecran protector

Bariera de vapori îndeplinește două sarcini fundamentale: apărarea șapei de infiltrațiile de umiditate ( care i-ar putea compromite integritatea ) și separarea șapei de straturile inferioare, pentru a preveni transmiterea crăpăturilor ( sistem de frecare ).

Pare să aibă un rol secundar, totuși lipsa acestui element, în unele cazuri, poate provoca daune foarte grave, mai ales în cazul montajului unui parchet.

Este obligatoriu prin normă, dar nu întotdeauna se găsește în șapele fabricate în România, în special în cele radiante.

Să presupunem că trebuie să montăm un parchet din lemn pe o șapă nouă. Condiția indispensabilă pentru a putea monta lemnul este ca umiditatea șapei să fie mai mică, în cazul unei șape tradiționale cu nisip și ciment, de 2 %.

Dar la fel de esențial este ca această condiție să persiste în timp. Să nu aibă valuri.

Atenție: condiția fundamentală pentru a putea monta un parchet prin lipire în siguranță este că, nu numai o șapă trebuie să aibă umiditatea sub un parametru anume, dar și că această condiție de umiditate să fie constantă sau în scădere. ( condiție care se poate îndeplini numai prin folosirea unei bariere împotriva vaporilor ).

Să ne asigurăm că umiditatea să fie corespunzătoare, este necesar să protejăm șapa de infiltrarea umidității, chiar și după momentul montajului.

La începutul duratei de viață a șapelor, acestea pot fi afectate de produse care conțin umiditate precum tencuieli, etc.

Dar și în fazele ulterioare ale șantierului, o șapă riscă să fie compromisă de accidente provocate de către muncitori.

Dacă șapa reușește să depășească aceste riscuri, va fi important ca aceasta să fie protejată de fenomenul de umiditate de condens. Aceasta este prima sarcina importantă a barierei de vapori: să protejeze șapa din interiorul casei de orice creștere a umezelii.

Bariera de vapori se așează sub șapă, sprijinindu-se pe membrana bituminoasă ( dacă există ).

La exterior, bariera nu are funcție de hidroizolație ( funcție care, în cazul încăperilor subterane, trebuie îndeplinită de membrana bituminoasă ) și nici de împiedicare a creșterii umidității capilare. În lipsa de membrana bituminoasă, umiditatea poate să treacă în interior din cauza presiunii osmotice ( presiune negativă ).

Din acest motiv, bariera nu trebuie plasată în cazul nefericit în care se decide să nu se folosească membrane bituminoase: În acest caz este mai bine să mergem în aderență directă între șapă și placă.

Dacă se alege o șapă aderentă, de exemplu din cauza necesității de a crește rezistența la sarcina a unei pardoseli sau din cauza lipsei grosimii disponibile, bariera de vapori nu trebuie folosită.

În literatura de specialitate se folosesc două denumiri distincte: o să vorbim de ecran protector pentru protecția șapei amplasate pe pardoseli de la etajul unu în sus și de bariera de vapori pentru protecția șapei amplasată la parter ( sau subsol ).

Chiar dacă sub parter există un subsol, va fi necesară o barieră de vapori.

Ecranul protector este mai slab decât bariera. Ecranul are funcția de încetinire sau limitare a umidității pe suprafața de așezare. De obicei, este realizat cu o foaie de polietilenă de grosime adecvată.

Bariera de vapori, în schimb, are funcția de a împiedica complet trecerea vaporilor de apă și a umidității care se ridică prin capilaritate. Se realizează folosind o membrană de bitum polimeric sau cu o membrană de plastic. Însă cea mai comună metodă este de a folosi foi de polietilenă de grosime adecvată suprapuse între ele.

Fie că este vorba de ecran sau barieră, protecția împotriva umidității în creștere trebuie poziționată corect și cu grijă, pentru a exclude deteriorarea în timpul instalării. Dacă este o pardoseală nouă fără sistem radiant, bariera trebuie așezată, înainte de asamblarea șapelor, pe suport.

Dacă se folosesc foi de polietilenă, așa cum se face de obicei, acestea vor trebui să se suprapună. Sugerăm o suprapunere de jumate de metru și lipite cu scoci.

Protecția trebuie făcută fără întreruperi sub șapă și trebuie răsturnată la margini până la cel puțin nivelului podelei finisate. Excesul va fi tăiat înainte de montarea plintei ( după finalizarea parchetului ).

O altă sugestie este să folosim o dublă barieră de vapori. Costul polietilenei este foarte scăzut, așa că suprapunerea a două straturi are un cost foarte mic, dar conferă siguranță absolută că bariera funcționează corect. În acest caz vom avea impermeabilizare.

O altă funcție a barierei este decuplarea șapei de pe suport. Se realizează mai bine dacă se folosesc două straturi de nylon. Acest sistem de frecare permite detensionarea șapei.

Desolidarizarea înseamnă decizia de a desprinde șapa de straturile inferioare șapei și de a lăsa șapa să alunece pe barieră ( sistem de frecare ).

Independența șapei de straturile inferioare evită transmiterea tensiunilor la suprafață.

Ne aflăm des în situații în care panourile sistemului de încălzire în pardoseală sunt așezate direct pe placă. Nu toate panourile sunt capabile să îndeplinească funcția de barieră împotriva vaporilor, așa că o barieră sub panouri este recomandată.

Norma (EN 11371) stabilește că bariera de vapori trebuie să aibă un factor de rezistență la vaporii de apă ($\mu$) mai mare de 100.000.

Acest factor de rezistență este dat de un raport:

μ ( factor de rezistență la vapori ) δ aer ( exprimă permeabilitatea aerului la vapori de apă ) / produs δ ( permeabilitatea la vapori de apă a produsului ).

Să fim siguri că obținem această performanță, este necesară suprapunerea a două foi cu grosimea de minim 150 microni care vor impermeabiliză șapa.

Există multe cazuri în literatura de specialitate despre problemele care apar din cauza lipsei unei bariere de vapori.

Este la latitudinea proiectantului să ia în considerare posibilitatea de a nu introduce bariera de vapori în anumite cazuri. De exemplu, în cazul deja menționat al punerii șapelor în aderență.

Rezumat: o șapă trebuie turnată în interiorul unui bazin format dintr-o barieră de vapori alcătuită dintr-un strat dublu de foi de polietilenă de 150 μm, cu factor de rezistență la trecerea vaporilor μ 100.000, suprapusă cu cel puțin 500 de mm și fixată corespunzător pe margini. Așa devine desolidarizată din straturile inferioare și mai protejată de umiditatea în creștere.

Bariera de vapori oferă posibilitatea de a lucra în siguranță cu o umiditate stabilită și verificată a șapei pe care va fi așezată pardoseala, mai ales în cazul parchetului.

Numai folosind o barieră împotriva vaporilor sau un ecran protector ( în funcție de caz ) va exista certitudinea că parchetul montat să nu absoarbă umiditate, din cauze structurale și accidentale și, prin urmare, să nu prezinte riscul de desprindere. Nefolosirea unei bariere de vapori este o greșeală gravă în execuția suportului.

Norma EN 11371: 2017 reglementează bariera împotriva vaporilor / ecranul protector, dar este recomandabil să se țină cont de prevederile specificate de către fișele tehnice ale producătorilor.

Bariera de vapori trebuie așezată și în cazul sistemelor de încălzire prin pardoseală și trebuie așezată înaintea izolației ( a panourilor pe care sunt așezate conductele ) a sistemului radiant.

Acesta trebuie să fie întotdeauna prezentă, mai ales când este prevăzut un parchet, atât la parter, cât și la etajele superioare.

3.8 Șapă ușoară

În Italia și în europa, între șapă și placă, suntem obișnuiți să găsim un strat intermediar (3) care îngroapă instalațiile electrice și hidraulice (2).

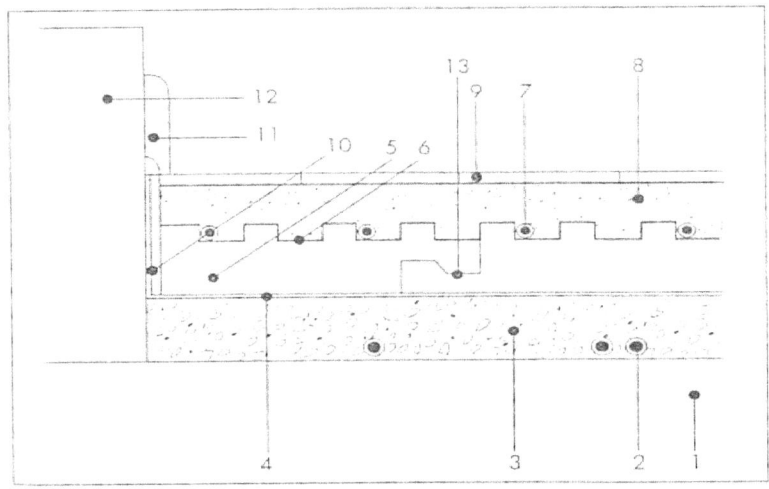

Pornind de jos în sus vom avea placă (1), apoi stratul de sub șapă (3), care încorporează țevile (2) și în final un alt strat, șapă (8), care este stratul de distribuție a sarcinii, stratul pe care vom lipi parchetul (9).

Acest strat intermediar poate să fie numit strat de compensare sau șapă ușoară.

Este un spațiu tehnic, în interiorul căreia circulă conductele electrice și hidraulice.

Aceste conducte trebuie fixate, apoi acoperite cu un strat de material care trebuie să aibă caracteristici de izolare termică și impermeabilizare.

O șapă ușoară trebuie să aibă ca și caracteristici capacitatea să acționeze ca izolator acustic și termic. Trebuie să aibă costuri reduse fiind un strat secundar.

În cazul încălzirii tradiționale ( nu în pardoseală ) pentru a garanta un spațiu suficient pentru conducte, se consideră necesară o grosime de minim 12 centimetri între placă și parchetul finisat.

Ținând cont că o șapă de ciment și nisip trebuie să aibă o grosime standard de 5 cm, șapa ușoară va avea o grosime de 7 cm.

În cazul în care avem un sistem încălzit în pardoseală, trebuie să fie luat în calcul și grosimea panourilor (5) de cel puțin 3,5 centimetri, care vor fi așezate pe placă (3).

Grosimea totală de care avem nevoie peste placă devine aproximativ de 15 centimetri, în cazul încălzirii prin pardoseală.

O șapă ușoară este realizată cu mortar ușor care are o masă mai mică de 800 kg pe metru cub. Ceea ce înseamnă că o șapă ușoară de 5 centimetri cântărește în jur de 40 kg pe metru pătrat (cam jumate comparativ șapei).

Exemple de materiale folosite la șapa ușoară sunt polistiren extrudat, materialele expandate, argilă expandată sau ciment cu compoziția mai ușoară.

Atâta timp cat șapa ușoară are rezistența la compresiune ( densitate ) , capacitatea de izolare termică și fonică și greutatea redusă, este compatibilă cu sarcinile ei.

Mai departe câteva exemple de materiale folosite la șape ușoare.

Polistiren

Densitate: de la 350 la 500 kg/metru cub.

Conductivitate termică: 0,08 până la 0,12 W/ (mK)

Rezistența la compresiune: de la 1,2 la 1,5 N/mm2

Perlită expandată

Densitate: de la 400 la 450 kg/metru cub.

Conductivitate termică: 0,08 până la 0,09 W/ (mK)

Rezistența la compresiune: similar cu polistirenul

Argilă expandată

Densitate: aproximativ 600 kg/metru cub.

Conductivitate termică: aproximativ 0,15 W/ (mK)

Rezistența la compresiune: excelentă

Foamcem

Densitate: de la 450 la 500 kg/m2.

Conductivitate termică: aproximativ 0,10 W/ (mK)

Rezistența la compresiune: scăzută

# CAPITOLUL 4 GEOMETRIE ȘI TEHNICĂ DE MONTAJ

## 4.1 Stereotomia parchetului.

Geometria așezării parchetului este desenul care rezultă după îmbinarea elementelor care compun pardoseala.

După norma europeană EN 13756 prezentăm cele mai obișnuite tipare de montaj.

## 4.2 Englezesc (strip-pattern)

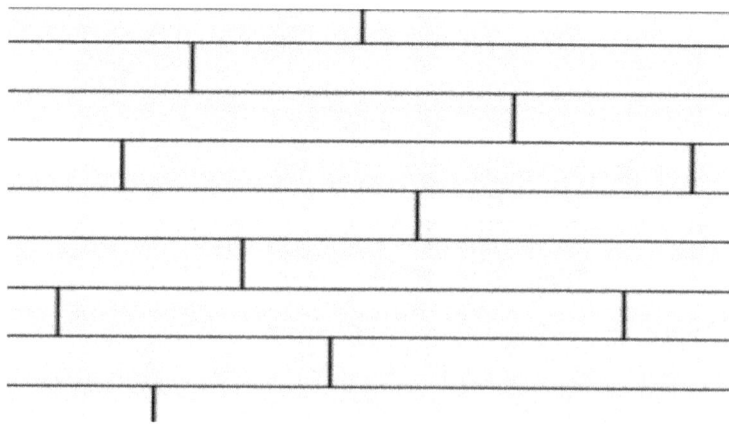

Parchetul are același lățime dar lungimi diferite variabile.

Elementele care compun pardoseala sunt dispuse spre lungimea lor, cu capetele decalate. Distanța între capete trebuie să fie cel puțin egală la lățimea plăcilor.

Geometria de tip englezesc poate să fie paralelă cu un zid sau în diagonală.

În cazul în care este paralelă cu un zid, se sfătuiește dispunerea elementelor transversale la sursă de lumină, asta pentru a reduce vizibilitatea capetelor și pentru a maximiza efectul fibrei.

Înainte să se înceapă montajul este recomandat verificarea paralelismului zidurilor cu latura lungă a parchetului.

În cazul în care nu este paralelismul, se favorizează paralelismul cu zidul cel mai apropriat de ușa principală.

În cazul în care se procedează cu o diagonală, de obicei se orientează diagonala spre lumina principală cu unghiul de înclinație față de întrarea de 30 / 45 de grade.

Diagonala permite să ascundă probleme de paralelism și perpendicularitate a încăperilor.

Dacă e vorba de suprafețe mari, dacă este vorba de diagonală, este indicat să pornească montarea parchetului pe linie de maximă extensie.

Instalarea parchetului într-un model englezesc, cunoscut și ca model linear sau decalat, urmează reguli și tehnici specifice. Mai departe principalele îndrumări de luat în considerare pentru instalare.

Pregătirea podelei: Asigură-te că șapa este curată, uscată și nivelată. Elimină orice resturi sau nereguli care pot afecta montarea. Este important să existe o bază stabilă pentru montarea parchetului.

Aclimatizare: Lasă materialul de parchet să se aclimatizeze la mediul de instalare. Urmărește recomandările producătorului privind timpul și condițiile de aclimatizare. Acest lucru ajută la prevenirea potențialelor probleme de extindere sau contracție mai târziu.

Punctul de pornire: Stabilește punctul de plecare pentru modelul englezesc. De obicei, este recomandat să începi din centrul camerei sau dintr-un punct focal. Stabilește o linie dreaptă de referință pentru a te asigura că modelul este aliniat corect.

Dacă este un profil de racord, tip nas, regula generală este să se pornească de la acest profil.

Selectarea materialului: Alege plăci de parchet sau scânduri potrivite pentru un model englezesc. Asigură-te că au margini precise și pot fi tăiate cu ușurință la formele dorite. Optează pentru materiale care au o grosime constantă pentru un aspect uniform.

Tehnici de tăiere: Tăierea precisă a pieselor de parchet este crucială pentru obținerea unui model englezesc precis. Folosește o circulară sau o circulară de masă pentru a tăia piesele la dimensiunea și formă corespunzătoare. Ai grijă să te asiguri că tăieturile sunt curate și precise.

Pre-montaj (așezarea uscată): Înainte de a instala definitiv parchetul, execută o întindere uscată a pieselor pentru a verifica dacă modelul englezesc se potrivește bine și se aliniază corect. Acest pas îți permite să faci orice ajustări necesare înainte de a aplica adeziv sau de a fixa parchetul.

Aplicare adeziv: Aplică un adeziv de înaltă calitate, potrivit pentru instalarea parchetului. Urmărește instrucțiunile producătorului pentru aplicare, asigurând o acoperire uniformă pe pardoseală. Aplică adezivul atât pe pardoseală, cât și pe spatele pieselor de parchet pentru o lipire sigură.

Secvența de instalare: Începeți instalarea parchetului de la linia de referință stabilită. Așează primul rând de piese de parchet, urmând modelul englezesc dorit. Continuă să adăugi rânduri, alternând orientarea pieselor pentru a crea modelul.

Alinierea și nivelarea: Verifică în mod regulat alinierea și nivelarea parchetului pe măsură ce instalați fiecare piesă. Utilizează o nivelă, un laser sau o linie dreaptă pentru a te asigura că piesele sunt aliniate și la același nivel. Fă toate ajustările necesare pentru a menține integritatea modelului englezesc.

Finisare și etanșare: Odată ce instalarea parchetului este finalizată, curăță suprafața pentru a îndepărta orice reziduri de adeziv sau resturi. Lasă adezivul să se întărească conform instrucțiunilor producătorului. La final, aplică un etanșant sau un finisaj adecvat pentru a proteja parchetul și a-i spori aspectul.

## 4.3 Italianesc (brick pattern)

Parchetul are lungimea și lățimea lamelelor fixă.

Diferă de la tipar de tip englezesc pentru că capetele elementelor care compun pardoseala se repetă într-un tipar constant.

Să fie posibil un montaj de tip italianesc este obligatoriu ca dimensiunea a lamelelor să fie fixă.

## 4.4 Herrigbone

Parchetul are elementele cu același dimensiune fixă și capetele la 90 de grade.

Elementele vin dispuse la un unghi de 90 de grade între ele.

Încăperile mai indicate pentru această geometrie de montaj sunt cele de mari dimensiuni pentru că herringbone micșorează vizual spațiu.

Acest tipar geometric evidențiază nuanțe diferite din cauza unghiului de inpact a luminii.

Herringbone poate să fie dispus paralel cu axa camerei sau în diagonală.

În cazul în care se urmărește axa camerei, elementele care compun pardoseala rezultă înclinate față de ziduri și se crează o dungă între elemente care rezultă paralelă cu zidurile.

Să se obțină acest efect este important să se pornească de la axa camerei.

În cazul în care elementele sunt în diagonală față de axa camerei, vor fi paralele cu zidurile.

În acest caz, montajul va trebui să pornească de la ușa de intrare.

Instalarea parchetului într-o stereotomie mai complexă, cum ar fi modelele de tip herringbone, necesită o atenție sporită la detalii și tehnici specifice. Mai departe principalele reguli de luat în considerare pentru montaj.

Pregătirea podelei: Asigură-te că pardoseala este curată, uscată și nivelată. Elimină orice resturi sau nereguli care pot afecta instalarea. Este important să existe o bază stabilă pentru montarea parchetului.

Aclimatizare: Lasă materialul de parchet să se aclimatizeze la mediul din încăpere înainte de instalare. Urmărește recomandările producătorului privind timpul și condițiile de aclimatizare. Acest lucru ajută la prevenirea potențialelor probleme de extindere sau contracție mai târziu.

Punctul de pornire: Punctul de plecare este de obicei ales într-o zonă proeminentă a camerei, cum ar fi lângă intrare sau centru. Este important să stabilești o linie dreaptă de referință pentru a te asigura că modelul herringbone este aliniat corect.

Selectarea unghiului: Pentru a decide unghiul la care va fi instalat modelul herringbone, în mod tradițional, se folosește un unghi de 45 de grade, dar pot fi alese și alte unghiuri pentru un aspect unic. Ia în considerare aspectul camerei și efectul vizual dorit atunci când selectezi unghiul.

Tehnici de tăiere: Tăierea precisă a pieselor de parchet este esențială pentru obținerea unui model precis de tip herringbone. Utilizează o circulară sau o circulară de masă pentru a tăia piesele la unghiul și dimensiunea corespunzătoare. Ai grijă să te asiguri că tăieturile sunt curate și precise.

Pre-montaj (așezarea uscată): Înainte de a monta definitiv parchetul, efectuează o întindere uscată a pieselor pentru a verifica dacă modelul de tip herringbone se potrivește bine și se aliniază corect. Acest pas îți permite să faci orice ajustări necesare înainte de a aplica adeziv sau de a fixa parchetul.

Aplicare adeziv: Aplică un adeziv de înaltă calitate, potrivit pentru instalarea parchetului. Urmărește instrucțiunile producătorului pentru aplicare, asigurând o acoperire uniformă pe pardoseală. Aplică adezivul atât pe pardoseală, cât și pe spatele pieselor de parchet pentru o lipire sigură.

Secvența de instalare: Începe instalarea parchetului de la linia de referință stabilită. Așează prima piesă în unghiul ales și continuă să adaugi bucăți, alternând orientarea lor pentru a crea modelul de tip herringbone. Utilizează un bloc de batere și un ciocan de cauciuc pentru a asigura o potrivire strânsă între piese.

Alinierea și nivelarea: Verifică în mod regulat alinierea și nivelarea parchetului pe măsură ce instalezi fiecare piesă. Utilizează o nivelă sau o linie dreaptă pentru a te asigura că piesele sunt aliniate și la același nivel. Efectuează toate ajustările necesare pentru a menține integritatea modelului herringbone.

Finisare și etanșare: Odată ce instalarea parchetului este finalizată, curăță suprafața pentru a îndepărta orice reziduri de adeziv sau resturi. Lasă adezivul să se întărească conform instrucțiunilor producătorului. La final, aplică un etanșant sau un finisaj adecvat pentru a proteja parchetul și a-i spori aspectul.

Amintește-ți, instalarea parchetului într-un model herringbone necesită precizie și atenție sporită la detalii. Ia-ți timp în faza de montaj și ia în considerare, dacă este necesar, să soliciți asistență de la un instalator profesionist de pardoseli.

## 4.5 Chevron (Hungarian-pattern)

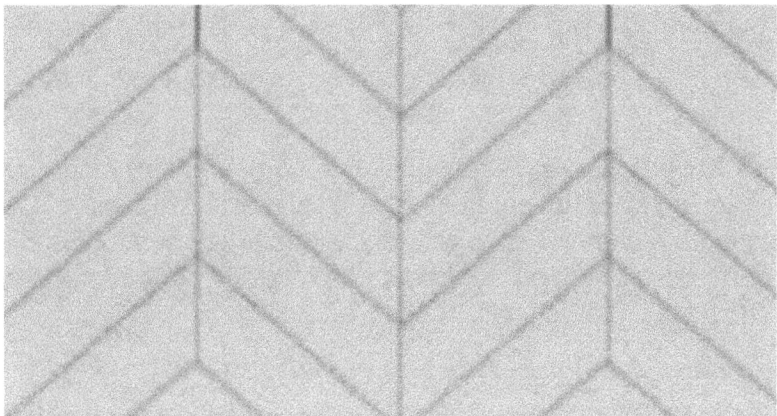

Parchetul are elemente cu același dimensiuni în lungime și lățime.

Elementele care compun chevron-ul au laturile scurte care sunt tăiate la 45 sau 60 de grade.

Premizele sunt același ca și la herringbone.

Instalarea parchetului într -o stereotomie mai complexa, cum ar fi modelele chevron, necesită tehnici specifice și atenție la detalii. Iată principalele reguli de luat în considerare pentru instalare.

Pregătirea podelei: Asigură-te că pardoseala este curată, uscată și nivelată. Îndepărtează orice resturi sau nereguli care pot afecta instalarea. Este important să existe o bază stabilă pentru montarea parchetului.

Aclimatizare: Lasă materialul de parchet să se aclimatizeze la mediul din încăpere înainte de montare. Urmarește recomandările producătorului privind timpul și condițiile de aclimatizare. Acest lucru ajută la prevenirea potențialelor probleme de extindere sau contracție mai târziu.

Punctul de pornire: Stabilește punctul de pornire pentru modelul chevron. Punctul de plecare este de obicei ales într-o zonă proeminentă a camerei, cum ar fi lângă intrare sau centru. Este important să stabilești o linie dreaptă de referință pentru a te asigura că modelul chevron este aliniat corect.

Selectarea unghiului: Decide unghiul la care va fi instalat modelul chevron. Modelele chevron folosesc de obicei un unghi de 45 de grade, dar pot fi alese și alte unghiuri pentru un aspect unic. Ia în considerare aspectul camerei și efectul vizual dorit atunci când selectați unghiul.

Tehnici de tăiere: Tăierea precisă a pieselor de parchet este crucială pentru obținerea unui model chevron precis. Utilizează o circulară sau o circulară de masă pentru a tăia piesele la unghiul și dimensiunea corespunzătoare. Ai grijă să te asiguri că tăieturile sunt curate și precise.

Pre-montaj (așezarea uscată): Înainte de a instala definitiv parchetul, efectuează o întindere uscată a pieselor pentru a verifica dacă modelul chevron se potrivește bine și se aliniază corect. Acest pas îți permite să faci orice ajustări necesare înainte de a aplica adeziv sau de a fixa parchetul.

Aplicare adeziv: Aplică un adeziv de înaltă calitate, potrivit pentru instalarea parchetului. Urmarește instrucțiunile producătorului pentru aplicare, asigurând o acoperire uniformă pe pardoseală. Aplică adezivul atât pe pardoseală, cât și pe spatele pieselor de parchet pentru o lipire sigură.

Secvența de instalare: Începe instalarea parchetului de la linia de referință stabilită. Așează prima piesă în unghiul ales și continuă adăugarea pieselor, alternând orientarea lor pentru a crea modelul chevron. Utilizează un bloc de batere și un ciocan de cauciuc pentru a asigura o potrivire strânsă între piese.

Alinierea și nivelarea: Verifică în mod regulat alinierea și nivelarea parchetului pe măsură ce instalați fiecare piesă. Utilizează o nivelă sau o linie dreaptă pentru a te asigura că piesele sunt aliniate și la același nivel. Fă toate ajustările necesare pentru a menține integritatea modelului chevron.

Finisare și etanșare: Odată ce instalarea parchetului este finalizată, curăță suprafața pentru a îndepărta orice reziduri de adeziv sau resturi. Lasă adezivul să se întărească conform instrucțiunilor producătorului. La final, aplică un etanșant sau un finisaj adecvat pentru a proteja parchetul și a-i spori aspectul.

Amintește-ți, instalarea parchetului într-un model chevron necesită precizie și atenție sporită la detalii. Ia-ți timp în faza de montaj și ia în considerare, dacă este necesar, să soliciți asistență de la un montator profesionist de pardoseli.

## 4.6 Friz

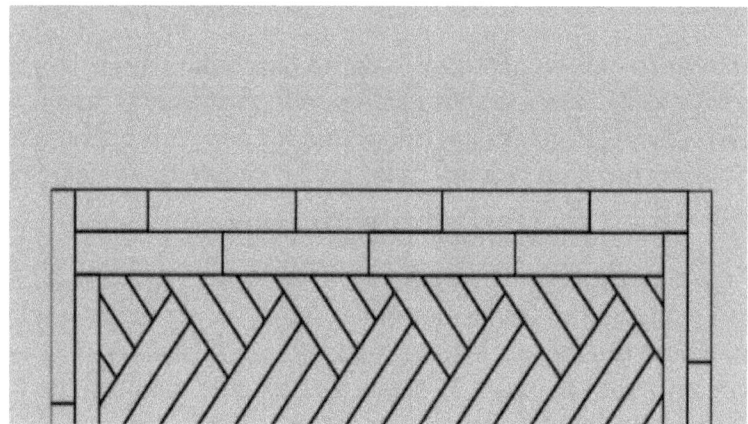

Se aplică în zonele perimetrale a încăperii.

Se orientează într-un fel diferit față de stereotomia principală.

Are rol de racordare între tipare diferite.

Perimetrul poate să fie orientat paralel sau perpendicular față de zid.

În cazuri de genul acesta, montajul trebuie să înceapă de la mijlocul camerei, în ideea de a ajunge cu bucăți de aceiași lungime spre margini.

4.7 Mozaic ( basket pattern )

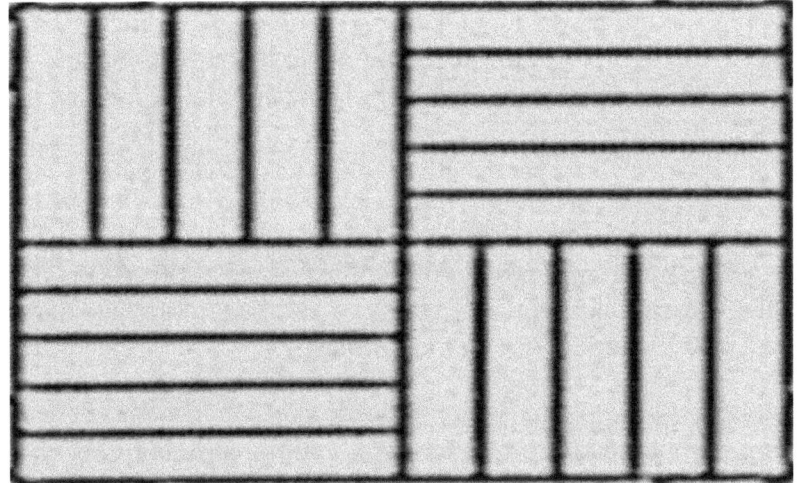

Elementele sunt asamblate să creeze un pătrat.

Lungimea elementelor trebuie să fie un multiplu a lățimi.

Geometria de montaj de tip mozaic permite să ascundă defecțiunile încăperilor ca și lipsă de paralelism sau perpendicularitate.

## 4.8 Desene geometrice

Când vine vorba de instalarea parchetului într-o stereotomie mai complexă, precum desenele geometrice, există câteva reguli importante de reținut. Iată câteva dintre principalele îndrumări.

Planificarea designului: Înainte de a începe montarea, este esențial să planifici cu atenție designul. Decide modelul geometric pe care dorești să îl creezi și asigură-ți că se potrivește bine în spațiul disponibil. Ia în considerare factori precum simetria, proporțiile și alinierea.

Pregătirea podelei: pardoseala trebuie să fie curată, uscată și nivelată. Orice nereguli sau imperfecțiuni trebuie abordate înainte de montarea parchetului. Este important să ai o bază netedă și stabilă pentru a obține modele geometrice precise.

Selectarea materialelor: alege materiale de parchet de înaltă calitate, care sunt potrivite pentru modele complexe. Optează pentru plăci de parchet sau scânduri care au margini precise și pot fi tăiate cu ușurință la formele dorite. Asigură-ți că grosimea parchetului este constantă pe tot parcursul.

Tehnici de tăiere: Tăierea precisă a parchetului este crucială pentru realizarea unor modele geometrice complexe. Utilizează o circulară sau o circulară de masă sau unelte de tăiere cu laser, pentru a obține tăieturi curate și precise. Ai grijă deosebită pentru a te asigura că unghiurile și dimensiunile sunt exacte.

Pre-montaj (așezarea uscată): Înainte de a instala definitiv parchetul, efectuează o întindere uscată a pieselor pentru a verifica dacă designul se potrivește bine și se aliniază corect. Acest pas îți permite să faci orice ajustări necesare înainte de a aplica adeziv sau de a fixa parchetul.

Aplicare adeziv: Aplică un adeziv de înaltă calitate, potrivit pentru instalarea parchetului. Urmarește instrucțiunile producătorului pentru aplicare, asigurând o acoperire uniformă pe pardoseală. Utilizează mistria adecvată sau gletiera crestată pentru a crea un strat consistent de adeziv.

Secvența de instalare: Începe instalarea parchetului din centrul încăperii sau din punctul focal al designului. Lucrează spre exterior, urmând modelul de design predeterminat. Ai grijă să alineezi marginile și să menții o distanță constantă între piese pentru un aspect uniform.

Alinierea și nivelarea: Pe tot parcursul procesului de instalare, verifică regulat alinierea și nivelarea parchetului. Utilizează o nivelă sau o linie dreaptă pentru a te asigura că piesele sunt la același nivel și la nivel una cu cealaltă. Ajustează după cum este necesar pentru a menține integritatea designului geometric.

Finisare și etanșare: Odată ce instalarea parchetului este finalizată, curăță cu atenție suprafața pentru a îndepărta orice reziduri de adeziv sau resturi. Lasă adezivul să se întărească conform instrucțiunilor producătorului. La final, aplică un etanșant sau un finisaj adecvat pentru a proteja parchetul și a-i spori aspectul.

Amintește-ți, instalarea parchetului în modele geometrice complexe necesită precizie, răbdare și atenție la detalii. Poate fi benefic să consulți un montator profesionist de pardoseli cu experiență în instalații complexe de parchet pentru îndrumare și asistență.

4.9 Reguli de bază pentru o bună execuție a montajului.

Legat de orientarea parchetului în spațiu nu există o regulă legată de tehnică.

Predomină folosința lui ca și element de design.

Din punctul de vedere a stabilității dimensionale, latura sensibilă este cea scurtă. Așa că, este un punct de reper clasic să se orienteze lungimea parchetului ( latura lungă ) spre dimesiunea cea mai mare a încăperii.

Dacă direcția parchetului este orientată spre lumina naturală, fibra parchetului și dimensiunea lui sunt în evidență.

Dacă lumina este transversală parchetului, eventuale defecțiuni sunt accentuate.

Este important să se păstreze un rost de dilatare pe tot perimetrul încăperii.

Trebuie evitat direct contactul parchetului cu o suprafața rigidă (gresie). În acest caz se sfătuiește folosirea unei baghete de trecere.

În cazul în care este un profil de închidere tip nas din lemn, se pornește de la profilul de închidere.

4.10 Tehnici de montaj

4.11 Montaj de tip flotant

Parchetul (1) este numai așezat pe șapă (4). Este obligatoriu în acest caz ca parchetul să aibă un sistem de îmbinare specific (nut și feder, click, dublu click etc).

Parchetul montat flotant trebuie mereu să aibă o barieră împotriva vaporilor (3) sub el plus un burete fonoizolant (2).

Stratul de izolație fonică (2) are un dublu rol: limitează transmisia de zgomot și permite o așezare uniformă pe șapă.

Bariera împotriva vaporilor (3) are nevoie să aibă o grosime minimă de 1 mm, de preferat dintr-o singură folie. Ecranul protector este suficient cu o grosime de 0,2 mm. Dacă bariera / ecran sunt compuse din mai multe foi, este de preferat să se suprapună de cel puțin 0,5 metri.

Bariera împotriva vaporilor trebuie să fie ridicată pe pereți până la nivelul parchetului.

Oricare suport este potrivit pentru un montaj de tip flotant. Însă este de recomandat să fie o suprafață planară.

Avantajul la montaj de tip flotant este că poate să fie pus pe suporturi care nu îndeplinesc condițiile minime pentru montajul prin lipire.

Un parchet flotant este numai așezat pe o șapă (sau alt suport), deci este liber să se miște pe planul orizontal și foarte sensibil la șocuri de tip mecanic și termic.

Rosturile de dilatare trebuie să fie de 1 cm la o încăpere de 6 x 6 m.

Pentru suprafețe mai mari de 6 x 6 m este de recomandat un rost de dilatare să împartă spațiile, cu scopul de a limita mișcările dimensionale a parchetului.

Mai în detaliu, ca și regulă generală trebuie păstrat un rost de dilatare de 1,5 mm la fiecare metru linear de parchet flotant, în cazul în care sunt ziduri paralele cu lungimea parchetului.

Pe când, dacă este vorba de ziduri perpendiculare cu latura lungă a parchetului, atunci trebuie păstrat un rost de dilatare de 0,5 mm la fiecare metru linear de încăpere.

În cazul unui montaj de tip flotant orientarea laturii lungi trebuie să fie spre dimensiunea cea mai mare a încăperii.

Plinta trebuie să aibă o grosime să acopere rosturile de dilatare.

Nerespectarea regurilor de bază poate să fie cauza de contrageri sau expansiuni anomale.

## 4.12 Montaj prin lipire

Se foloseşte un adeziv specific pentru a ancora parchetul pe suport.

Se întinde adezivul cu o gletiera folosind o direcţie circulară cu scopul de a promova aderenţă maximă garantată prin a atinge tot suportul parchetului cu adezivul.

Mai mare este dimensiunea parchetului, mai mare trebuie să se ridice cresta adezivului.

Suportul parchetului trebuie să fie atins de adeziv cel puțin în 65 % din suprafața lui.

Primul rând al parchetului așezat se numește pornirea.

Pornirea este în funcție de geometria de montaj.

Rosturile de dilatare sunt între 0,5 și 1 cm. Rosurile de dilatare permit dilatările parchetului.

Spre deosebire de montajul de tip flotant, la montajul prin lipire nu se lipesc niciodată laturile lungi ale parchetului. Se folosește această practică în primul rând pentru a putea înlocui o singură bucată de parchet în viitor. În al doilea rând pentru a asigura o distribuție uniformă a rosturilor de dilatare între lamele, când parchetul o să aibă contrageri sau expansiuni.

4.13 Montaj bătut în cuie

Parchetul vine prins pe o șină din lemn folosind cui. Cuiele vin bătute pe latura lungă a parchetului, pe suport la 45 de grade ( în funcție de sistemul de îmbinare, dar de obicei pe partea superioară a bărbatului ).

Suporturile potrivite pentru a îndeplini condițiile minime de siguranță la un montaj de tip bătut în cuie pot să fiu din ciment, scandură din lemn sau panouri din lemn.

Legat de cuie, trebuie să fie din fier ( și nu din alte materiale din diferite motive ) , de diametru 1,3 / 1,4 mm, și lungimea trebuie să fie între 35 și 40 de mm.

Tehnica ideală pentru a monta un parchet prins în cuie este de a folosi un element din lemn (de obicei brad sau conifere) care să aibă o secțiune de trapez, cu grosime de obicei între 2 și 2,5 cm și umiditatea între 12 % și 18 %.

E bună practică să se îngroape elementele din lemn direct în șapă, operațiunea care se efectuează în faza de turnarea a șapei.

De ținut în considerație în faza de proiectare un increment de cota finală a finisajului.

Elementele din lemn vin dispuse paralele între ele și transversale față de direcția parchetului.

Interax între elemente este între 20 și 30 de cm.

Fiecare bucată de parchet trebuie să fie prinsă cel puțin cu 2 cuie.

Se adăuga un rând perimetral cu elemente care nu trebuie să aibă mai mult de 10 cm de la zid.

Și panourile din lemn sunt un suport adecvat.

De preferat un panou trebuie să aibă o grosime de cel puțin 2 cm și un nivel de uscare identic la parchet.

Șinele din lemn trebuie să fie orientate transversale față de orientarea parchetului.

Obligatorie o barieră împotriva vaporilor (1 mm grosime minim).

Recomand să fiu folosite panouri debitate la 1,2 m x 0,4 - 0,6 m cu un rost de dilatare de 1 cm între ele, în cazul în care parchetul vine prins direct pe panouri fără șine.

Normele care reglementează montajul parchetului din lemn în Europa sunt:

EN 1609878, în curs de elaborare, va defini criteriile de proiectare și metodele de instalare a parchetului din lemn și a parchetului de uz interior. Se va aplica la pardoselile ce urmează să fie puse prin lipire, flotante și bătut cu cuie, pe orice tip de suport, folosit în clădiri noi și / sau existente.

EN 11556, explică atribuțiile pe care trebuie să le aibă un montator de parchet.

EN 11368, care definește criteriile și metodele de evaluare a pardoselilor din lemn de uz intern.

EN 11265, identifică abilitățile și responsabilitățile diferiților interlocutori în alegerea și montarea parchetului.

EN 11538-1, explică cum ar trebui proiectate și construite podelele din lemn de exterior.

## CAPITOLUL 5  ÎNTREȚINEREA PARCHETULUI

### 5.1 Note generale

În acest capitol dedicat întreținerii pardoselilor din lemn ne ocupăm de îngrijirea parchetului.

Există finisaje filmogene și non filmogene.

Primele sunt reprezentate de vopsele sintetice monocomponente sau bicomponente atât pe bază de solvenți, cât și pe bază de apă, sau pe bază de uleiuri uretanice, cele din urmă fiind produse pe bază de hidrocarburi.

Avem apoi finisaje de impregnare mai naturale, precum uleiuri de origine vegetală, sau produse pe bază de ulei și ceară cu un conținut scăzut de rășini disponibile în dispersie de solvent sau în emulsie apoasă.

Tratamentul cu ulei de protecție nu este absolut comparabil cu cel filmogen dat de lacuri. De fapt, pe suprafața lemnului nu se creează o peliculă transparentă, dar tratamentul pătrunde prin impregnare în fibra lemnoasă. Datorită acțiunii protectoare a uleiului, suprafața devine hidrofugă, dar în același timp foarte permeabilă la vaporii de apă. Sunt pardoseli naturale care respectă mediul înconjurător.

Trebuie recunoscut că podelele din lemn tratate cu ulei vegetal evocă cu siguranță primele și adevăratele parchete, tratate cu ceară și uleiuri care de secole au dominat scena și au mobilat clădiri istorice și reședințe de lux.

Lacurile, atât pe bază de solvenți ( sunt din ce în ce mai puțin folosite de profesioniști ) , cât și pe bază de apă ( acestea din urmă o înlocuiesc aproape complet pe prima, chiar și cu rezultate excelente în ceea ce privește rezistența la abraziune ) protejează suprafața parchetului din lemn creând o peliculă ( film ). Pot fi întreținute, chiar zilnic, cu cârpe ușor umede și detergenți neutri ( nespumoși ) , aspiratoare sau mopuri.

Pardoselile tratate cu produse pe bază de ulei uretanice, care formează peliculă chiar dacă suprafața lemnului rămâne vizibil cu por deschis, întreținerea obișnuită este același cu cea prevăzută pentru lacuri.

În cele din urmă, produsele pentru întreținere sunt împărțite în produse de întreținere obișnuită și produse de întreținere extraordinară. Prima se referă la curățarea zilnică sau săptămânală pe care beneficiarul o efectuează în mod normal și manual pe pardoseala sa. A doua este executat mecanic de către o firmă specializată, în general pentru refacerea suprafeței de lemn atunci când este uzată.

Situația în ceea ce privește suprafețele pardoselilor din lemn tratate cu paste de ceară de albine este alta. În primul rând nu folosiți niciodată cârpe umede sau, și mai rău, ștergeți cu cârpe umede. Pe suprafețele de ceară este interzisă folosirea cârpelor umede, dar este necesară folosirea unui aspirator sau cârpe antistatice.

Dimpotrivă, pe finisajele filmogene, care au proprietăți impermeabile, putem îndepărta local petele și orice lichid care poate cădea accidental, chiar și prin spălarea cu apă a porțiunii afectate de parchet în mod corespunzător.

Periodic, pentru pardoselile tratate cu lacuri, este indicat să se folosească produse specifice pe bază de rășini lichide în dispersie apoasă pe suprafața lemnului în timpul întreținerii extraordinare. Aceste produse sunt ușor disponibile de la comercianții specializați de parchet.

Dacă dorești să utilizezi alte produse găsite în comerț, este absolut indicat să efectuezi întotdeauna teste preliminare pe o suprafața mică de parchet.

De fapt, industria și comercianții tind să universalizeze conținutul produselor lor, ca și cum un singur produs ar putea curăța toate suprafețele.

De aceea este indicat să nu folosești produse care nu au fost testate pentru parchetul lăcuit și, acolo unde există îndoieli, este mai bine să efectuezi mici teste preventive.

În plus, nu folosi niciodată ceară solidă pe podelele din lemn tratate cu produse filmogene, adică lăcuite. Acest lucru ar provoca daune destul de grave. Ca exemplu, s-ar crea o suprafața alunecoasă și periculoasă pentru persoanele care calcă pe ea. Dar ceara solidă ar produce pete pe finisaj, tocmai din cauza faptului că este filmogen.

În plus, nu este recomandabil folosirea echipamentelor de spălare a suprafețelor care generează vapori de apă, deoarece pot fi provocate deteriorări atât la nivelul peliculei de protecție a parchetului finisat, cât și la structura din lemn.

În primul rând, trebuie precizat că o pardoseală din lemn tratată cu lacuri, fie pe bază de solvent sau pe bază de apă, nu este total impermeabilă. Pe de o parte, lăcuirea cu siguranță împiedică fizic pătrunderea apei și, prin urmare, să intre în contact lemnul sub peliculă. În acest caz putem vorbi de hidroizolație având în vedere filmul polimeric care se găsește pe suprafața parchetului (un film cu o grosime care variază în general de la cel puțin un minim de 150 μm până la și dincolo de 200 μm). Totuși, în același timp, vopselele au valori foarte scăzute de permeabilitate la vapori de apă. Acest aspect poate crea probleme în cazul în care se folosesc acele unelte cu abur, nu pentru că nu sunt funcționale, ci pentru că parchetul ar fi deteriorat.

În ceea ce privește tratamentele de protecție pe bază de ulei vegetal, există diverse amestecuri. Cu trecerea timpului aceste produse sunt perfecționate și rafinate. Există amestecuri alcaline concepute pentru lemnul moale, în timp ce pentru lemnul mai tare este de preferat să se folosească alte formule deoarece alcalinitatea poate provoca variații puternice de culoare a lemnului. Există combinații de uleiuri vegetale și componente complet naturale capabile să impregneze lemnul destul de profund, tot în funcție de porozitatea diferită a esenței, lăsând întotdeauna o capacitate de transpirație ridicată.

Când e vorba de ulei vegetal, putem vorbi de reticularea a produsului, proces care necesită timp. Adică, o dată ce produsul este proaspăt aplicat, acesta nu poate fi hidrofug, durează câteva luni înainte ca procesul de reticulare să fie finalizat și, prin urmare, funcțional. După cum se înțelege, în comparație cu lacurile, nu avem absolut nici o grosime de peliculă pe suprafața lemnului (film).

Prin urmare totul pătrunde în interiorul fibrelor. Numai după reticulare, parchetul capătă rezistență la absorbția lichidelor. De remarcat este atunci când vine vorba de absorbția lichidelor, este numai o chestiune de timp de expunere până ca lichidul să pătrundă în lemn.

Așadar, pentru a proceda la curățarea acestor pardoseli tratate cu uleiuri, este necesar să folosiți produse de întreținere și să urmați procedurile indicate de fiecare furnizor. Evitați absolut spălarea cu cârpe chiar umede, deoarece această acțiune ar duce la îndepărtarea protecției împotriva uleiului cu consecințe estetice și practice evidente. O altă practică de evitat este să încercați să o curățați cu cârpe și alcool. Acest comportament v-a strica parchetul.

Revenind la compararea uleiurilor cu vopselele, dacă acestea din urmă au valori foarte scăzute ale permeabilității la vaporii de apă, este invers pentru finisarea cu uleiuri.

Prin urmare, o pardoseală din lemn tratată cu ulei este mai reactivă, din punct de vedere al timpului, la variațiile mediului în condițiile de temperatură și, mai ales, în ceea ce privește umiditatea relativă. Acesta este motivul pentru care parchetele finisate pot fi deteriorate dacă sunt lăsate nefolosite în interior.

Pardoselile uleiate nu trebuie comparate cu strălucirea pardoselilor lăcuite. Tocmai pentru că sunt naturale nu pot avea o asemenea luciditate încât să reflecte, dar se vor caracteriza printr-o suprafață cu un aspect original pe care nicio vopsea nu o va putea repeta niciodată. Un alt avantaj pentru podelele din lemn tratate cu ulei este faptul că au o rezistență excelentă la traficul intens, deoarece nu se merge pe o peliculă care se uzează în timp, lăsând la iveală acele zone expuse.

Acțiunea de a reîmprospăta o pardoseală uleiată poate fi efectuată în siguranță chiar de proprietar și acțiunea nu implică niciun risc atâta timp cât se respectă instrucțiunile scrise și metodele de întreținere pe care cu siguranță le-a pus la dispoziție vânzătorul ...

Mai mult decât atât, pe parchetele din lemn uleiat, tratate corespunzător și întreținute corect, este foarte greu de alunecat, spre deosebire de o suprafață lăcuită. În mod egal, nu toate amprentele de pantofi, adică zgârieturile, sunt observate pe podeaua uleiată, cu condiția ca procedura de întreținere obișnuită să fie întotdeauna respectată.

Dacă întindem multă ceară, de exemplu, nu doar aspectul estetic al parchetului este compromis, dar se creează situații periculoase precum alunecarea suprafeței și de negestionat din punctul de vedere al întreținerii; de aceea este întotdeauna necesar să se respecte procedurile scrise de întreținere și numai cu produse adecvate.

Un alt aspect important este ca suprafețele pardoselilor din lemn tratate cu ulei nu prezintă probleme de încărcare electrostatică care pot apărea de obicei, în condiții deosebite, pe pardoselile tratate cu lac sau chiar pe laminate.

În sfârșit, uleiurile nu emit substanțe nocive în timpul aplicării și cu atât mai puțin după finalizarea lucrărilor. În concluzie, un avantaj ulterior care există în prezența unei parchet uleiat este respectul față de sănătatea umană.

Un alt aspect, care ține mai mult de estetică, este posibilitatea realizării pardoselilor uleiate cu cele mai variate nuanțe de culoare.

Ușurința de întreținere a pardoselilor uleiate este unul dintre avantajele acestui tip de finisaj.

Astăzi putem spune că uleiurile și vopselele pe bază de apă sunt cele două tipuri de tratament care sunt cele mai populare cu toate variantele lor.

Lacurile care protejează suprafața parchetelor din lemn, creând o peliculă, sunt întreținute zilnic cu cârpe ușor umede și detergenți, aspiratoare sau mopuri. Oricum nu este recomandat folosirea produselor de întreținere într-un mod neglijent. Orice se folosește, trebuie să fie ușor umed, nu ud ,sau mai rău încă picurând cu apă. Stabilitatea dimensională a parchetului din lemn ar fi deteriorată pe termen mediu. De altfel, surplusul de apă care ar rămâne la suprafața pardoselii ar putea fi absorbit de acesta, de a lungul laturilor longitudinale. Aceste laturi ale parchetului nu sunt niciodată sigilate, tocmai pentru că lemnul este un material viu, se mișcă în faza de echilibrare, creând efectiv acele micro fisuri laterale, de unde ar putea apoi pătrunde această umiditate excesivă.

Un alt fenomen care ar putea apărea din cauza folosirii cârpelor cu umiditate ridicată în timpul curățării este apariția unui ton de negru mai ales la parchetele din lemn de stejar, atât de a lungul lateralelor plăcilor cât și pe suprafața vizibilă a acestora. Este un proces de reacție a acidului țânic, conținut natural în lemn, în contact cu umiditatea excesivă. Dacă înnegrirea de a lungul laturilor longitudinale ale plăcilor poate apărea și la scurt timp după montarea parchetului, același proces poate apărea la suprafață, dar numai după mult timp.

Acest lucru se datorează faptului că pelicula de lac se uzează din cauza abraziunii în timp și lasă lent neacoperită suprafața lemnului care, în contact cu umiditatea rămasă în faza obișnuită de curățare, se închide treptat datorită reacției tannice.

Este o reacție chimică care se declanșează singură, nu este regresivă și apoi devine capabilă să treacă complet prin toată grosimea plăcii în cauză. Acest tip de pete pot fi îndepărtate numai printr-o intervenție extraordinară de întreținere, sau cu șlefuirea mecanică. Totuși, dacă procesul de reacție tannic a fost prelungit de a lungul anilor, atunci întreaga placă poate fi afectată. Chiar și cu utilizarea mașinilor poate fi dificil să se rezolve problema. Plăcile afectate de fenomen trebuie înlocuite.

Lacurile sunt însă capabile să protejeze foarte bine suprafața parchetului de scurgeri accidentale de substanțe precum cafea, vin, ulei, etc, cu condiția să fie îndepărtate rapid, tocmai pentru că, după cum am menționat, sunt impermeabile. În practică, se poate efectua curățarea localizată, îndepărtând cu bureți și tamponând cu alte produse, partea afectată de căderea accidentală a substanțelor, inclusiv a coloranților, fără a deteriora parchetul prin absorbția produsului. Chiar și băutura carbogazoasă prin excelență, care cade pe suprafața podelei, poate fi îndepărtată fără a vă deteriora parchetul. Bineînțeles că intervenția trebuie făcută într-un timp scurt, cu siguranță nu după zile.

Pe scurt, avantajele pe care le avem în prezența unor parchete lăcuite sunt fără îndoială multiple și, în general, depășesc dezavantajele. Ușurința de curățare și întreținere a pardoselilor vopsite a fost valoarea adăugată a acestui tip de finisaj care cu siguranță a ajutat la răspândirea acestuia de-a lungul anilor. Trecerea de la vopselele pe bază de solvenți la vopselele pe bază de apă, din motive strict legate de eliminarea sau reducerea semnificativă a solvenților, nu a fost nedureroasă. La urma urmei, pentru a regla un produs este nevoie de câțiva ani de încercări și ajustări.

Atenție la parchetul lăcuit: cum s-a menționat mai sus, nu este indicat folosirea cerei. Aici ne referim la folosirea cerei solide (de albine), pentru că există ceruri siliconice lichide care sunt produse specifice de autolustruire, special concepute pentru parchete lăcuite..

5.2 Întreținerea pentru parchet lăcuit

Lacurile, atât pe bază de solvenți, cât și pe bază de apă, protejează suprafața pardoselilor din lemn creând eficient o peliculă care poate fi tratată, chiar și zilnic, cu cârpe ușor umede și detergenți absolut neutri (nespumanți), aspiratoare sau maturi uscate. Chiar și pentru pardoselile tratate cu ulei (uretanic), care formează peliculă chiar dacă suprafața lemnului rămâne cu por deschis, tratamentul obișnuit de curățare este același cu cel prevăzut pentru lacuri. Îndepărtarea prafului cu cârpe antistatice sau aspiratoare, trecerea cârpelor ușor umezite cu apă și detergenți neutri și nimic altceva.

5.3 Întreținerea parchetului tratat cu uleiuri naturale

Pentru parchetele tratate cu uleiuri naturale de origine vegetală, întreținerea este strict legată de tipul de produs utilizat. Pe piața există diferite tipuri de uleiuri și, prin urmare, este întotdeauna recomandabil să contactați aplicatorul sau vânzătorul însuși pentru a primi indicații pentru metode obișnuite de curățare. Nu este niciodată indicat să improvizați sau să omiteți operațiunile de curățare, deoarece ar putea provoca daune ireparabile tratamentului, atât de mult încât va fi necesară intervenția mecanică a unui profesionist.

5.4 Întreținerea parchetului tratat cu paste de ceară de albine

Situația în ceea ce privește suprafețele pardoselilor din lemn tratate cu paste de ceară de albine este alta. În primul rând nu folosiți niciodată cârpe umede sau, și mai rău, ștergeți cu cârpe umede. Pe suprafețele cu ceară este interzisă folosirea cârpelor umede, dar este necesară folosirea unui aspirator sau cârpe antistatice, apoi întindeți din nou o cantitate mică de pastă de ceară și treceți un polizor cu scotch brie și nu cu perii. Ar fi indicat, dacă este posibil, să mutați mobilierul cel puțin pe cel folosit în mod normal precum mese, scaune și piese mici de mobilier, astfel încât pasta de ceară să poată fi întinsă și lustruită pe toată suprafața fără a lăsa o linie subțire (de a lungul mobilierului care în timp devine mai închis).

5.5 Periodicitatea de întreținere și a tratamentului extraordinar depind de intensitatea cu care este folosită pardoseala.

Orientativ se propune ritmicitatea din tabelul de mai jos

| Operații de întreținere | TRAFIC REDUS (dormitor) | TRAFIC MEDIU (sufragerie) | TRAFIC INTENS (intrare, coridor, birouri) |
|---|---|---|---|
| Stergerea prafului | zilnic | zilnic | zilnic |
| Curatenie | saptamanal | saptamanal | saptamanal |
| Tratament protector | semestrial | lunar | saptamanal |

# CAPITOLUL 6. LEGISLAȚIE EUROPEANĂ

EN 335 - Durabilitatea lemnului și produselor pe bază de lemn. Definiție claselor de folosință

EN 350 - Durabilitatea lemnului și produselor pe bază de lemn. Durabilitatea naturală lemnului masiv. Ghid la durabilitatea naturală a lemnului masiv.

EN 1533 - Parchet și pardoseli din lemn. Determinarea proprietăților de flexiune.

EN 1534 - Parchet și pardoseli din lemn. Determinarea rezistenței la penetrare Brinell.

EN 1910 - Placări din lemn pentru pardoseli interne, externe și lambriuri.

EN 13183 - Umiditatea unei bucăți din lemn. Determinarea prin metoadă cântăririi.

EN 13226 - Pardoseli din lemn. Elemente din lemn masiv cu sistem de îmbinare.

EN 13227 - Pardoseli din lemn. Elemente din lemn masiv fără sistem de îmbinare.

EN 13228 - Elemente din lemn masiv cu sistem de asamblare.

EN 13442 - Placări din lemn pentru pardoseli interne, externe și lambriuri. Determinarea rezistenței agenților chimice.

EN 13488 - Pardoseli din lemn. Mozaic.

EN 13489 - Pardoseli din lemn. Parchet multistrat cu sistem de îmbinare.

EN 13556 - Lemn rotund și semifabricate.

EN 13629 - Pardoseli din lemn. Scânduri pre-asamblate din lemn masiv din rășinoase.

EN 13647 - Plăcări din lemn pentru pardoseli interne, externe și lambriuri. Determinarea caracteristicilor geometrice.

EN 13696 - Parchet și pardoseli din lemn. Determinarea elasticității și rezistenței uzurii.

EN 13756 - Pardoseli din lemn - Terminologie.

EN 13990 - Pardoseli din lemn. Scânduri din lemn masiv din conifere.

EN 14342 - Pardoseli din lemn. Caracteristici, evaluare de conformitate și marcatură

EN 14761 - Pardoseli din lemn. Parchet masiv. Elemente verticale, elemente orizontale și module.

EN 14904 - Pardoseli sportive.

EN 300 - Panouri din așchii de lemn (OSB).

EN 312 - plăci aglomerate.

EN 622 - Panouri din fibră de lemn (HDF / MDF).

EN 634 - Panouri aglomerate din lemn și ciment.

EN 636 - Placaj multistrat.

EN 12775 - Panouri din lemn masiv.

EN 13353 - Panouri din lemn masiv (SWP).

EN 13810 - Panouri pe bază de lemn. Pardoseli flotante.

EN 13986 - Panouri pe baza din lemn pentru folosința în construcții.

EN 14354 - Panouri pe baza din lemn. Furnir.

EN 10329 - Montaj pardoselilor. Măsurarea conținutului de umiditate în șapă.

EN 13318 - Șape și materiale pentru șape.

EN 13813 - Șape și materiale pentru șape. Proprietății și rechizite.

EN 13892 - Metode de probă pentru șape.

EN 120 - Panouri pe bază de lemn. Determinarea conținutului de formaldehidă.

EN 204 - Clasificarea adezivelor termoplastice pentru lemn pentru aplicații non structurale.

EN 542 - Adezive. Determinarea masă volumetrică.

EN 717 - Panouri pe bază de lemn. Determinarea emisiei formaldehidă.

EN 927 - Vopsele și lacuri.

EN 1264 - Încălzirea prin pardoseală. Instalații și componente.

EN 2409 - Vopsele și lacuri. Teste.

EN 2431 - Vopsele și lacuri. Determinarea timpului de curgere.

EN 2808 - Vopsele și lacuri. Determinarea grosimea film-ului.

EN 2813 - Vopsele și lacuri. Determinarea gradului de luciu.

EN 3251 - Vopsele și lacuri. Determinarea conținutului substanțelor volatile.

EN 4618 - Vopsele și lacuri. Termene și definiții.

EN 10782 - Vopsele și lacuri. Determinarea rezistenței.

EN 14293 - Adezive pentru parchet. Metode de testare.

EN 29117 - Vopsele și lacuri. Determinarea timpului de uscare.

## CAPITOLUL 7 ISTORIA PARCHETULUI

Istoria parchetului este legată de istoria arhitecturii, deoarece utilizarea lemnului este legată pentru totdeauna de evoluția tehnologiilor și tehnicilor de construcție.

Încă din perioada neolitică din nordul Europei (4000 î.Hr.), podelele caselor erau realizate din lemn datorită disponibilității facile a materiei prime.

În primul mileniu d.Hr., structura caselor din țările nordice era formată din bușteni de lemn stivuiți orizontal, cu podeaua separată de sol prin grinzi, în interiorul cărora erau dispuse scânduri în funcție de funcția podelei.

În Norvegia, între secolele al XI-lea și al XIV-lea, au fost construite structuri în care podeaua era fixată de grinzile de fundație cu ajutorul unor cuie de fier.

La sfârșitul primului mileniu, pardoselile din lemn, îmbunătățite tehnologic datorită progreselor în prelucrare, s-au răspândit în Europa de Nord și în țările atlantice cu climă rece. Cele mai prelucrate specii de lemn au fost stejarul, pinul și bradul.

În Evul Mediu, se foloseau scânduri din specii de lemn de diferite culori pentru a realiza anumite modele geometrice. În secolul al XIV-lea, această tehnică a început să se răspândească după standardele italiene, în special în Toscana. În interioare și în primele etape, au fost create elemente decorative geometrice pentru a contura mobilierul; începând cu secolul al XVI-lea, tehnica s-a răspândit în alte părți ale Europei, unde a fost perfecționată. Straturi subțiri din una sau mai multe specii de lemn (de mobilier) au început să fie lipite pe fusuri, formând podele pentru modele geometrice.

În secolul al XVII-lea, au început să se producă panouri lucrate manual și decorate cu marchetărie.

Începând cu secolul al XX-lea, pardoselile englezești, ungurești și în formă de spinare au devenit treptat răspândite.

În anii 1950, s-a răspândit stilul de pardoseală lamelară, cunoscut în Italia sub numele de mozaic, asamblat în pătrate de 2 cm lățime, 12 cm lungime și 10 mm grosime. În timpul fazei de asamblare, acestea sunt așezate ortogonal față de vecinii lor.

În deceniile următoare, a fost fabricat primul lamparchet de 10 mm grosime și 200-500 mm lungime. La începutul secolului, au apărut parchetele masive cu elemente de dimensiuni mai mici, dispuse în paralel unele cu altele.

Până la mijlocul anilor 1980, parchetul stratificat a început să devină popular și era caracterizat de diferite dimensiuni și configurații, cu două sau trei straturi. Această nouă generație de pardoseli se numește stratificat sau prefinisat. În același timp, datorită dezvoltărilor industriale care au permis nașterea parchetului stratificat, a apărut producția standardizată la nivel industrial.

Între secolele al V-lea și al VII-lea, casele săsești erau deja construite în întregime din lemn, cu traverse susținute de stâlpi la parter și podele alcătuite din scânduri. Tehnica de asamblare a fusurilor, cea mai frecvent utilizată în Marea Britanie în 1800, era aceea de a introduce cuie de fier cu un unghi de 45 de grade în părțile laterale ale scândurilor și de a le fixa pe grinzile de fundație orientate ortogonal. Cuiele nu erau vizibile de pe mesele învecinate.

Tot în anii 1800, au apărut primele sisteme de îmbinare femeie-femeie pentru combinații de capete.

În 1600, în Anglia pot fi văzute deja primele clădiri cu desene finite. În Franța secolului al XVIII-lea s-a folosit mai puțin parchetul din as, probabil pentru că, după inventarea parchetului din panouri în Franța, utilizarea acestei noi tehnologii a fost favorizată în majoritatea caselor, iar cărțile existente au fost decorate târziu. Tehnica de fixare a plăcilor era similară cu cea din Anglia, dar în Franța se obișnuia să se atașeze o grindă de 4 cm înălțime la podea și să se fixeze parchetul ortogonal la grindă. Pentru a evita dilatarea datorată umidității, grinzile și scândurile nu trebuiau să fie în contact cu pereții înconjurători.

În ceea ce privește finisarea, pe de altă parte, în antichitate nu se picta nimic pe podea. Abia la jumătatea secolului al XIX-lea au fost fabricate pentru prima dată produse similare cu vopseaua pentru finisarea pardoselilor din lemn, în principal manual. Cu toate acestea, încă din secolele anterioare, utilizarea uleiurilor și a cerii era obișnuită.

Designerii britanici cred că primele panouri de parchet au fost realizate de Andrea Palladio și Sebastiano Serlio și folosite în lucrările lor. Inițial, acest tip de parchet a fost numit "alla serlio". Acest plan era compus din benzi dispuse pe diagonală. Acesta avea caracteristici portante și structurale.

Pierre Bullet menționează acest tip de panou proiectat de Serlio în lucrarea sa "Tehnica arhitecturii". Conform descrierii lui Bullet, aceste panouri erau formate dintr-o grilă de 16 sau 20 de pătrate, care puteau fi plasate paralel sau la 45 de grade față de cadrul panoului.

Panourile cu marginile plasate la un unghi față de ramă se numeau marchetărie Versailles, în timp ce panourile cu marginile paralele cu rama se numeau marchetărie Chantilly.

În 1769, în tratatul său, Roubaud a descris în detaliu tehnica care a conferit autenticitatea finală a marquetăriei asamblate, și anume asamblarea la fața locului a panourilor pregătite în atelier. Conform descrierii sale, panourile decorative aveau o dimensiune de aproximativ 1-1,3 metri și o grosime de 2,5-5 cm. Suportul de asamblare începea cu turnarea șapei care îngloba lamelele de lemn și fixa grinzile în poziție. Grinzile au fost fixate deasupra grinzilor, care erau ortogonale între ele cu aproximativ 7,5 cm. Panourile sunt susținute de cuie în această structură. Panourile pot fi asamblate paralel cu pereții sau înclinate la un unghi de 45°. La asamblare, s-a trasat o linie mediană în mijlocul camerei. O altă linie a fost apoi trasată perpendicular pe prima linie pentru a determina centrul încăperii unde va fi amplasat primul panou. Panourile Chantilly erau adesea asamblate alternativ cu panourile Versailles.

Alte tipuri comune de pardoseli folosite erau pardoseala Soubise, care era în esență aceeași cu cea de la Versailles, dar era formată doar din patru pătrate centrale, și pardoseala Aremberg, care era formată din patru plăci centrale așezate într-un cadru pătrat.

În unele cazuri, în etapa de asamblare se introduceau benzi pentru a îmbina pardoselile. Benzile erau de obicei de două tipuri, una de aceeași lungime cu panoul, iar ultima parte corespundea următoarei benzi sau era de două ori mai lungă, conținând două panouri de podea.

În Italia, pardoselile din lemn urmau caracteristicile franceze: la mijlocul secolului al XVIII-lea, panourile erau uneori compuse din lemn care nu era de stejar, cum ar fi nucul, sau din motive care ofereau ușoare variații față de panourile clasice de origine franceză.

De o importanță deosebită sunt descrierile privind modul în care au fost făcute unele încercări în documentele deținute la Arhivele Naționale din Torino. În special, acestea descriu procesul de uscare care a continuat după ce elementele care compun panourile au fost tăiate. Timp de opt zile, piesele au fost așezate lângă cuptor, rotite în mod repetat de pe o parte pe alta și lăsate în aer liber, la soare, în timpul zilei. Acest proces a fost considerat foarte important pentru a asigura stabilitatea lemnului.

Prima utilizare înregistrată a incrustațiilor pe podele din lemn datează din al doilea deceniu al sfârșitului secolului al XVII-lea, când muncitori italieni au fost angajați pentru a întocmi planurile Vilei Maria de Medici din Luxemburg.

În secolul următor, în Franța, pardoselile din lemn erau privilegiul caselor mici, în timp ce în alte case, clădiri publice și spații mai mari se folosea parchet cu panouri decorative.

Utilizarea metalului, introdus inițial cu încrustații, a fost abandonată având în vedere diversitatea lemnului. Panourile decorative erau decorate cu încrustații florale. A fost adoptată o succesiune geometrică de alternanță a lemnului de culoare deschisă cu cel de culoare închisă. Desenele care prezintă rezultatele obținute în Anglia arată că meșterii vremii erau foarte atenți la condițiile de mediu în care erau instalate pardoselile.

În multe cazuri, în special în cazul parterului, au fost create cavități sub podea, în special prin intermediul grinzilor, pentru a asigura o ventilație continuă și a reduce stagnarea umezelii.

De la jumătatea secolului al XIX-lea, a apărut tehnica de încrustare. Inițial, această tehnică a fost folosită pentru a decora planurile existente. Incrustațiile cu nervuri erau lipite direct pe placa existentă.

Ulterior, tehnica panourilor decorative a influențat și ea tehnica incrustațiilor, iar atelierele au început să producă podele ulterioare. Incrustațiile, realizate din diferite specii și chiar din lemn exotic, aveau o grosime de 3-5 mm și erau lipite în panouri de diferite dimensiuni și forme de plăci, în funcție de mobilier . Panourile astfel realizate erau fixate pe podeaua actuală cu clei și cuie. Lipiciul folosit se numea lipici englezesc și era făcut din mușchi cartilaginos, piele și vită care au fost înmuiate, fierte, cernute și așezate.

Pachetele mici formate din acest tip de obiect au apărut pentru prima dată în jurul anului 1700, dar nu au devenit populare pe scară largă până în secolul XX. Ele sunt foarte asemănătoare cu pardoselile de gresie, dar diferă prin dimensiunile lor mai mici.

O răspândire considerabilă au avut și pardoselile ungurești, în care elementele sunt așezate perpendicular unul pe celălalt și unite printr-o tăietură de 45 de grade pe margine .

O variantă a acestui tip de asamblare este cea în formă de herringbone, în care îmbinarea elementelor se face fără a fi nevoie de o tăiere la 45°, astfel încât forma inițială de 90° este menținută.

În alte forme de asamblare, merită atenție tabloul de șah. Acesta este distribuit în principal în Franța. Una dintre opțiuni este cea a tabloului de șah, folosind axe de aceeași lungime, setate la multiplii exacți ai lățimii, acestea formând un model în care fibrele de ardezie sunt dispuse astfel încât orientarea lor să fie ortogonală cu cea a pătratelor adiacente, obținându-se un efect de tablă de șah.

Poate cel mai eficient, și un element regăsit în succesul timpuriu al lampalke, este firida de-a lungul perimetrului încăperii, de 20-30 cm perpendiculară pe pereți și separată prin margini de câmpul central al pardoselii, adesea dintr-o specie de lemn diferită de restul pardoselii.

Principala tehnică de asamblare folosită în secolul XX a fost lipirea lamelelor pe o bază de lemn acoperită cu un strat de bitum.

O altă metodă era așezarea pardoselii direct pe bitum fierbinte sau pe plăci de bitum așezate peste nisip de râu.

Una dintre etapele finale ale asamblării meselor era șlefuirea. Înainte de aceasta, se obișnuia să se stropească suprafața pardoselii cu așchii umede pentru a umezi suprafața și a o face mai ușor de prelucrat.

La mijlocul secolului al XX-lea, în perioada de reconstrucție de după cel de-al Doilea Război Mondial, industria parchetului s-a dezvoltat cu pași repezi. Producția a început cu elemente ale sindicatelor bărbat-femeie, spre deosebire de cele care existau deja la începutul secolului.

În cele din urmă, cererea mare de materiale ieftine a dus la fabricarea unor produse care necesitau mai puține etape de prelucrare și foloseau cantități mai mici de materii prime.

În această perioadă a luat naștere pardoseala mozaicată, cu patru până la șapte niveluri, în funcție de producător, fiind combinate pentru a forma un pătrat de 10-15 cm. Pătratele erau aranjate cu fibrele ortogonale față de pătratele adiacente, formând pătrate de 40-60 cm. Pe lângă designul astfel obținut, a fost diseminată tehnica de utilizare a unei foi de adeziv cu rolul de a menține toate lamelele la locul lor până în momentul asamblării. Asamblarea s-a făcut prin lipirea părții din spate, iar odată ce s-a făcut acest lucru, hârtia umedă a fost îndepărtată cu un burete.

În timp, sistemul de blocare a lamelor a fost îmbunătățit și a fost adoptat un sistem de plasă format din sârmă de nailon aplicată în câmp electrostatic.

În deceniile următoare, au fost înființate și alte tipuri de elemente, cum ar fi rampele și pardoselile industriale. Lamperkets constau din elemente cu o grosime de 10 mm, o lățime de 40-70 mm și o lungime de 200-450 mm. Alături de aceste ramparkets, încep să fie utilizate și elemente cu un singur strat cu capetele aliniate. Acest nou tip de pardoseală este cunoscut sub denumirea de parchet industrial. Acest material pentru pardoseli este utilizat pe scară largă în clădirile publice și, în orice caz, în medii de suprafață mare, și combină proprietăți mecanice și estetice excelente la un cost redus. Spre sfârșitul mileniului, mesele au devenit o pardoseală valoroasă, datorită dimensiunilor lor mai mari decât cele de la mijlocul secolului al XX-lea și lamparchet. Așa cum este descris în multe cărți tehnice, dimensiunile variază, variind între 10 și 22 mm grosime și 6 și 16 cm lățime. De-a lungul anilor, această nouă generație de pardoseli a fost însoțită de evoluția adezivilor și a acoperirilor. Evoluția adezivilor de origine animală și vegetală a avut loc foarte încet și treptat. Era adezivilor sintetici a început abia în anii 1930, odată cu producția de rășini derivate din policondensarea formaldehidei cu diverse substanțe. Adezivii naturali au început brusc să le înlocuiască, cu intenția de a le îmbunătăți proprietățile tehnice, precum și de a le crește durabilitatea. Ultima generație de pardoseli constă din elemente în diferite straturi. Parchetul laminat este conceput prin necesitatea de a obține un produs care să fie cât mai puțin afectat de mediul în care este instalat. Structura sa, formată din straturi de lemn cu direcții ale fibrelor ortogonale una față de cealaltă, este mai puțin afectată de schimbările de umiditate și permite planeitatea între diferitele elemente. Este, de asemenea, cel mai potrivit produs pentru cerințele de stabilitate ale pardoselilor moderne cu încălzire prin pardoseală. Straturile unei pardoseli în două straturi constau dintr-o suprafață vizibilă, numită și strat de suprafață, formată din scânduri cu o grosime de cel puțin 2,5 mm. Stratul de bază este format din scânduri din lemn de esență moale, de obicei de brad, sau din scânduri multistrat, de obicei din lemn de mesteacăn. Stratul de bază este format dintr-un singur element, cu mai multe sau mai puține pauze în adâncimea transversală a lungimii elementului. Aceste soluții depind de alegerile făcute de producător pentru a face produsul mai stabil. Elementele cu trei straturi diferă de cele cu două straturi în ceea ce privește construcția structurii, precum și în ceea ce privește dimensiunile mai mari. Stratul de bază este în general realizat din materiale fibroase dispuse ortogonal față de lungimea elementului, dar poate fi format și din panouri de placaj. Stratul inferior este realizat din panouri de aceeași grosime ca și suprafața expusă. Stratul inferior din panouri subțiri este, de obicei, mai puțin estetic decât stratul superior din panouri subțiri. În acest mod, elementele pot atinge o lungime de 2 metri și o lățime de peste 20 cm, păstrând în același timp o stabilitate comparabilă cu cea a elementelor mai mici. Evoluțiile industriale din a doua jumătate a secolului XX și disponibilitatea mașinilor automatizate au determinat unele companii să propună pardoseli care amintesc de panourile și inserțiile decorative din secolele anterioare. Tehnologia industrială cea mai bine adaptată la nevoia de precizie a prelucrării este tăierea cu laser. Acțiunea specială a laserului garantează precizia și calitatea prelucrării. Nu se utilizează niciun instrument în acest proces, iar fasciculul de lumină care generează energie este concentrat pe o zonă limitată, permițându-i să ardă fără a afecta materialul adiacent. Deoarece nu se utilizează scule, problemele de vibrații care caracterizează prelucrarea convențională sunt complet eliminate, iar precizia procesului este garantată. În prezent, un software special de proiectare (de exemplu, Numeric Centre) face posibilă crearea tuturor tipurilor de inlay-uri, de la elemente cu geometrii foarte complexe până la elemente foarte mici.

www.ingramcontent.com/pod-product-compliance
Lightning Source LLC
Chambersburg PA
CBHW050257230526
45471CB00005B/1924